網路接單！
素小吃賺大錢

精選米麵食、糕、粿、湯品、鍋料理等
5～50人份黃金配方素料理

嚴選60道古早味經典點心、米麵食、糕、粿、湯品、鍋物，

以最美味配方烹調，不論吃葷素，都能愛上素的小吃料理！

齋心主廚 著

朱雀文化

序　在家接單！素小吃微創業賺大錢

什麼料理能夠代表台灣？我想路邊攤的小吃，可以代表真正的台灣味。近幾年，連知名的米其林指南必比登（Bibendum）推薦，都能見到滷味、藥燉排骨、蔥抓餅、割包、清蒸臭豆腐、筒仔米糕和生煎包等街頭小吃的蹤影。這些早年台灣的民間美食，大多都是用便宜且易取得的食材製作，經老一輩的手藝傳承下來，成就這些古早味小吃。

在台灣土生土長的我，非常喜愛台灣小吃。記得年輕時不愛讀書，跑去跟舅舅學煮菜，很感謝當時教我做菜和做人做事的「陳肇豐師傅」，那時學的是台菜，讓我寫這本書有更不同的意義。20 多年的葷食、素食廚藝經驗，希望藉這本書，把好吃的素小吃配方分享給大家。

近年來，一陣斜槓風潮來襲，許多人想在本業之外，選擇自己拿手的食物，像是烘焙小點心、麵包、餅乾和料理等，透過臉書、蝦皮等網路平台微創業。素小吃在網路商店比較少販售，競爭的對手相對較少，是網路創業的好選擇，所以在書中材料方面，除了提供家庭 5 人份量，也於書末寫明 50 人份小規模創業者的配方量，有心嘗試小生意的讀者，可以參考材料量製作。此外，配方與製作上，結合了經典傳統與創新風味，一定能受到大家的喜愛。

最後要感謝大悲護生推廣中心創辦人陳瑞珍老師，讓我在素食菩提金廚獎獲得很多寶貴的素料理經驗，更用心研究素食美味，並運用在這本素小吃上。也謝謝朱雀文化，讓我參加食譜製作，更感謝少燁老師、冠廷師傅的通力合作，無私分享配方。秉持著「一群人，一件事，一條心，一輩子」的目標，相信藉由這本食譜，一定能讓更多讀者喜愛素小吃的風味。

李坤璋 2022.05

序 不論吃葷素，都喜愛素的小吃料理

在越來越講究健康飲食的現代，大家對於素食的接受度也越來越高。本書全部以素食呈現，我們的主要訴求，是希望不論是葷食或素食的朋友，都能愛上這些素小吃料理。

以往聽到素食，很多人都覺得應該難以跟美味畫上等號。其實，透過煎、煮、炒、炸的不同技巧，將傳統小吃的食材做些改變，就能提升整道素食料理的口味與口感，進而推翻大眾對於素食的刻板印象。

本書以古早味麵食、米食和點心等面向，來呈現台灣在地傳統美食。書中的紅油抄手、水煎包、小籠包、麵粉煎與麻糬等，都是輕鬆簡單即可完成；麵食類則是以大眾口味設計，醬汁的比例也都是經過反覆試驗而成的黃金比例。希望在書中呈現最佳的配方，讓有意以素食創業的朋友，能夠輕易上手。同時，也藉由色香味俱全的食譜，讓消費者了解「素食」的美味。

再次感謝朱雀文化給予我們出書機會。在出版的過程中，才發現要注意的細節非常多，包含編輯討論、拍攝流程、食材採買、器具準備等等……每個步驟都環環相扣。感謝坤璋師傅、冠廷師傅一起合作，完成這本書。也感謝雅鈞姊、子璋哥、柏融，大家在百忙之中抽空支持及協助幫忙。再次萬分感謝年輕帥哥攝影師與編輯小白姊這三天陪同參與拍攝，使每道素小吃能完美呈現。

王少燁 2022.05

在家輕鬆烹調素小吃

來自於普通平凡家庭的我，從小便對「吃」有濃厚的興趣，更對做菜懷抱極大的熱情，立志長大後要成為一名廚師，如今，也正從事我最愛的中餐料理工作。

近年來由於環保意識的抬頭，飲食方面提倡少吃肉，吃素不再是宗教人士專屬，素食人口越來越多。在餐飲業中，不管是中餐、西餐或日式料理等，素料理品項趨於多元且更細緻。許多具公信力的國際餐飲評鑑組織，也把素食餐廳納入評鑑項目之一，素料理處處可見。

我是個土生土長的台灣小孩，夜市美食從小吃到大，當收到朱雀文化出版「素小吃」主題的邀約，便欣然同意，並打算和一同參加料理比賽的老戰友坤璋，以及好友少燁一起撰寫這本食譜。在選擇好菜單後便埋頭展開，希望能分享給讀者們最美味的配方。材料方面，我們以傳統市場、超市、網路商店能買得到的為主，使讀者在家就能輕鬆烹調素小吃。此外，除了食譜中標註 5 人份食材，也在附錄提供 50 人份的材料量，讓有心想以此創業，做個小買賣的人容易掌握食材量。

最後，謝謝朱雀文化的邀約，也感謝一起合作完成本書的坤璋師傅、少燁老師，以及出版此書給予我協助與相伴的朋友、貴人們。

陳冠廷 2022.05

製作料理之前

書中的素小吃看起來都很可口，令人想趕快製作，但建議烹調本書的素小吃之前，讀者們可以先閱讀以下幾個注意事項後再操作：

1. 材料份量

本書食譜是以5人份材料為主，如果想微創業的話，可參照書末p.126附錄2，有「50人份材料份量的建議」，讀者可斟酌使用。

2. 購買食材

書中的食材大多可以在一般菜市場或超市、網路商店購買。南北貨、乾貨等，可至大型傳統市場，像濱江、中央、環南市場附近的乾貨店購買。此外，如果想創業而所需材料量較大，可至傳統南北雜貨店購買，或向食材批發廠商詢問，比較便宜。

3. 購買中藥材

書中像是素藥燉排骨、素麻辣鍋、素薑母鴨等料理，為了讓湯頭更好喝，會用到數種中藥材搭配製作。建議讀者可寫下配方表，再前往中藥房購買。

4. 注意烹調湯汁

熬煮湯頭或以蒸鍋蒸煮素粽時，水分會蒸發，所以烹調過程中要適時補足原有的水量，以免煮乾。。

Contents 目錄

PART1 點心

PART2 麵點＆粿＆糕

PART3 飯&麵

PART4 湯&鍋

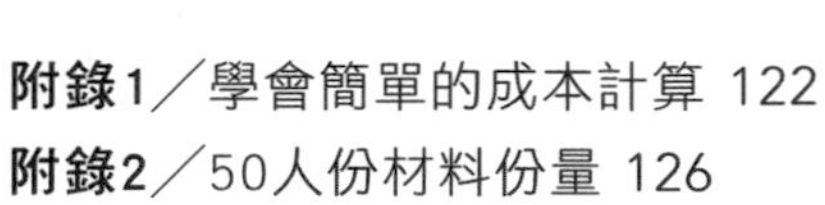

PART 1
點心

肉圓、筒仔米糕、臭豆腐和阿給等傳統小吃，
是最能代表台灣的道地美食，
以往只能在夜市或小吃攤品嚐，
現在教你自己在家烹調。
只要將食材略做改變，
茹素的人便能一飽口福，並提升滋味與口感。

素蚵仔煎

以綜合菇類取代新鮮蚵仔烹調這道知名小吃，
意外地口感與風味都令人驚艷。

材料　5人份

材料	份量
鴻喜菇	100 公克
美白菇	100 公克
杏鮑菇	100 公克
豆芽菜	80 公克
小白菜	100 公克
太白粉	200 公克
地瓜粉	300 公克
海苔絲	30 公克
水（粉漿用）	550 公克

調味料　5人份

調味料	份量
蕃茄醬	200 公克
黑醋	20 公克
冰糖	60 公克
味噌	10 公克
鹽	3 公克
水（醬汁用）	300 公克

做法

製作醬汁

1. 將蕃茄醬倒入鍋中，倒入 300 公克的水、黑醋、冰糖、味噌和鹽煮滾，備用。

處理食材

2. 鴻喜菇、美白菇切掉根部，剝開洗淨；杏鮑菇切塊；小白菜洗淨後切段。

製作粉漿

3. 將地瓜粉、太白粉倒入容器中，倒入 550 公克的水、少許鹽，混拌均勻。

烹調素蚵仔煎

4. 鍋燒熱，倒入適量沙拉油（材料量以外），先放入鴻喜菇、美白菇和杏鮑菇炒香，續入豆芽菜、海苔絲稍微炒一下。
5. 倒入適量粉漿，小白菜煎至金黃，翻面也煎至金黃色，盛入盤中。
6. 淋上醬汁即成。

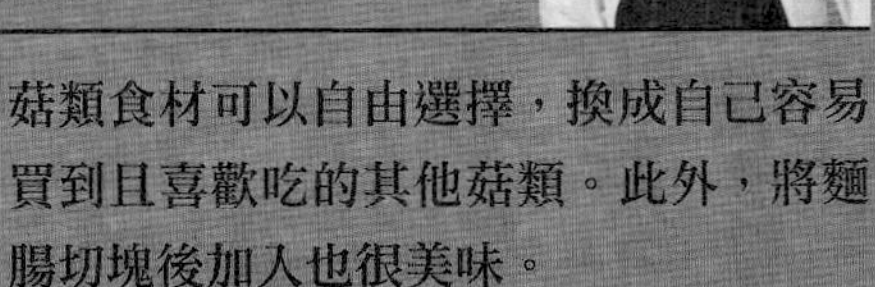

師傅親授 小訣竅

菇類食材可以自由選擇，換成自己容易買到且喜歡吃的其他菇類。此外，將麵腸切塊後加入也很美味。

阿給

以油豆腐和冬粉為主材料，搭配新豬肉、多種蔬菜，當成小吃或料理都很美味。

材料　5人份

材料	份量
乾香菇	30 公克
冬粉	30 公克
新豬肉	100 公克
油豆腐	5 塊
沙拉筍	20 公克
中薑	5 公克
香菜	8 公克
胡蘿蔔	20 公克
甜豆	20 公克
太白粉	30 公克
水	30 公克

調味料　5人份

調味料	份量
鹽	10 公克
砂糖	5 公克
胡椒粉	2 公克
香油	2 公克
香菇素蠔油	80 公克

做法

處理食材

1. 乾香菇、冬粉泡水至軟。
2. 乾香菇切片；冬粉切段；新豬肉剁碎；對切成三角形，油豆腐中間挖空；沙拉筍、中薑切片；香菜切小段後泡水；胡蘿蔔削皮後切片；甜豆切段。
3. 將新豬肉放入容器中，加入冬粉，以鹽、胡椒粉調味，拌勻後填入油豆腐中。

製作阿給

4. 鍋燒熱，倒入適量沙拉油（材料量以外），先放入做法 3.，將肉面煎至金黃，取出。
5. 原鍋再燒熱，倒入適量沙拉油（材料量以外），依序炒香香菇、沙拉筍、中薑、胡蘿蔔和甜豆，倒入適量水，以砂糖、香油和香菇素蠔油、鹽和胡椒粉調味，煮滾。
6. 加入做法 4. 煮約 15 分鐘，最後倒入拌勻的太白粉水勾芡，撒上香菜即成。

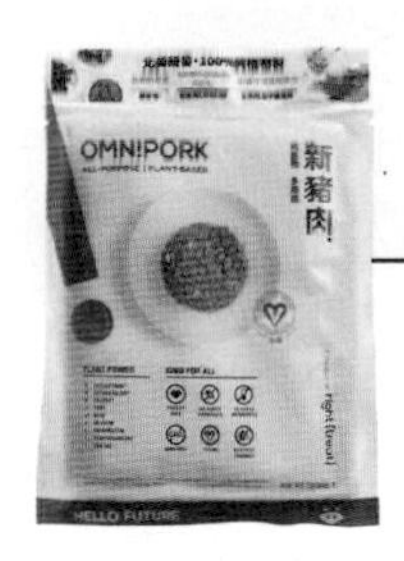

師傅親授 小訣竅

新豬肉是植物蛋白製品，呈碎肉狀，大多用來製作絞肉料理，以及各式水餃、煎餃、鍋貼等的食品。

PART1

點心

素肉圓

將最受歡迎的小吃做成素食版，
美味程度一點都不輸給葷食！

材料　5人份

材料	份量
老薑	10 公克
芹菜	10 公克
豆乾	50 公克
泡發乾香菇	50 公克
海帶捲	50 公克
脆筍片	100 公克
小麥纖肉	100 公克
杏鮑菇	50 公克
金針菇	50 公克
低筋麵粉	30 公克
地瓜粉	100 公克
在來米粉	130 公克
冷水	150 公克
滾水	450 公克
香菜	10 公克

調味料　5人份

調味料	份量
香油	50 公克
白胡椒粉	1 公克
五香粉	1 公克
素蠔油	10 公克
醬油	10 公克
鹽	1 公克
二砂糖	70 公克
香菇粉	1 公克
素辣豆瓣醬	10 公克
蕃茄醬	50 公克
甜辣醬	50 公克
海山醬	50 公克
豆腐乳	30 公克
味噌	15 公克
糯米粉	15 公克
冷水	15 公克

做法

製作內餡

1. 老薑、芹菜切末；豆乾、泡發乾香菇、海帶捲、脆筍片都切丁；小麥纖肉以水泡軟，放入調理機中絞成泥；杏鮑菇切絲；金針菇剝絲後切對半；香菜切段後泡水。
2. 將香油倒入鍋中，加入薑末炒香且表面焦黃，續入豆乾、香菇、海帶捲、脆筍片、杏鮑菇、金針菇炒香，再倒入小麥蛋白泥拌炒一下。
3. 將做法 2. 倒入鋼盆中，加入低筋麵粉、白胡椒粉、五香粉、素蠔油、醬油、鹽、二砂糖和香菇粉拌勻，放冷後冷藏備用。

製作肉圓皮粉漿

4. 將在來米粉、冷水倒入鋼盆中拌勻，一口氣沖入滾水，迅速攪拌成稀糊（糊化），放溫涼。接著加入地瓜粉（樹薯粉），攪拌成沒有顆粒的濃稠糊狀。

製作醬汁

5. 將素辣豆瓣醬、蕃茄醬、甜辣醬、海山醬、豆腐乳和味噌倒入調理機或果汁機中攪打均勻，然後倒入鍋中，以中小火加熱醬汁，再倒入糯米粉水勾芡至有濃稠度即可。

製作肉圓

6. 在小瓷碗或專用的肉圓碟中抹點油，用飯匙將粉漿抹在碗底，中間鋪上內餡，上面再覆蓋一層粉漿。
7. 等蒸籠底鍋的水煮滾，放入做法 6.，以中火蒸約 20 分鐘。淋上醬汁，最後用香菜點綴即成。

師傅親授 小訣竅

1. 做法 4. 沖入滾水要攪拌至糊化，不能有顆粒。糊化後必須放涼，才可以加入地瓜粉，以免地瓜粉遇熱而變熟，然後再攪拌成光滑的粉漿。
2. 粉漿抹入瓷碗時，可以用家中的飯匙塗抹。
3. 製作內餡時，可以用豆腐替代小麥纖肉（見右圖），口感會較柔軟，小麥纖肉的口感則像絞肉。

河粉煎

**清爽的皮包著鹹香內餡，
搭配自製的調味醬，擄獲饕客的胃。**

材料　5人份

在來米粉	200 公克
地瓜粉	60 公克
水	1050 公克
泡發乾香菇	30 公克
小麥纖肉	30 公克
胡蘿蔔	30 公克
高麗菜	30 公克
芹菜	適量
香菜	適量
辣椒	適量
鹽	3 公克
細砂糖	3 公克

調味料　5人份

花生油	20 公克
鹽	3 公克
細砂糖	3 公克
香菇粉	適量
白胡椒粉	適量
五香粉	適量
醬油膏	適量

做法

處理食材

1. 泡發乾香菇切丁；小麥纖肉泡水至軟，切丁；胡蘿蔔削皮後切丁；高麗菜切丁；芹菜和香菜、辣椒切末。

製作河粉米糊

2. 將在來米粉、地瓜粉倒入鋼盆中，倒入 250 克的水，拌匀成生米漿，備用。
3. 將 800 公克的水倒入鍋中，加入 3 公克鹽、3 公克細砂糖煮滾。
4. 將做法 **3.** 沖入做法 **2.** 中，一邊沖入，一邊迅速攪拌成河粉米糊。

製作餡料

5. 鍋燒熱，倒入花生油，依序炒香乾香菇、小麥纖肉、胡蘿蔔、高麗菜、芹菜，以適量的鹽、細砂糖、白胡椒粉和五香粉調味，備用。

裝填米糊、蒸熟

6. 將米糊裝入長條模型中，將餡料平鋪在米糊表面，再填入米糊至七分滿。
7. 等蒸籠底鍋的水煮滾，放入做法**6.**，以中火蒸約 30 分鐘。關火，燜約 15 分鐘，取出後放涼。
8. 放入冷藏，再取出脫模，切成片狀，盛盤。

製作醬汁

9. 將適量醬油膏、細砂糖、白胡椒粉、五香粉和水倒入小鍋中煮滾，淋在河粉煎上面，也可撒上香菜、芹菜末和辣椒末等一起享用。

師傅親授 小訣竅

1. **河粉煎剛蒸好時，建議放於室溫中，讓河粉煎吸收表面的水氣，再放入冷藏後脫模。**
2. **模型可選用長條或圓形不鏽鋼或鋁箔盒，或者碗製作，食譜中是以長條模型示範。**

碗和圓模型

長條模型

酥炸臭豆腐

最知名的台灣小吃之一，
獨特的香氣、香酥的外皮，令人一吃難忘。

材料　5人份

臭豆腐	10 塊
花生油	100 公克
老薑	100 公克
大辣椒	100 公克
芹菜	100 公克
無蒜油炸花生	50 公克
香菜	25 公克
九層塔	25 公克
水	200 公克

調味料　5人份

粗辣椒粉	50 公克
素蠔油	100 公克
鹽	適量
二砂糖	80 公克
香菇粉	20 公克
黑醋	50 公克

做法

處理食材

1. 老薑、大辣椒、芹菜切末；無蒜油炸花生拍碎；香菜、九層塔清洗後泡水；臭豆腐一塊切成四塊。

製作醬汁

2. 將花生油倒入鍋中，依序放入老薑、大辣椒、芹菜炒香，續入油炸花生、粗辣椒粉，轉小火炒香，倒入素蠔油以小火炒香，再加入鹽、二砂糖、香菇粉、黑醋和 200 公克的水，轉小火煮至收汁，放冷卻後移入冷藏保存，備用。

烹調豆腐

3. 原鍋倒入約六分滿芥花油（材料量以外），加熱至 170℃，放入臭豆腐炸至外表金黃且鼓鼓，大約炸 3 ～ 6 分鐘。

盛盤

4. 撈出臭豆腐瀝乾油分，淋上醬汁，再以香菜、九層塔點綴即可。

師傅親授 小訣竅

1. 一開始炒醬料時，建議用不沾鍋炒，料比較不容易焦掉。接著加入水煮時，不要煮過頭，得控制煮好的醬汁仍是液體狀態。
2. 粗辣椒粉（見左圖）是將乾辣椒研磨成粉製成，市售產品的顆粒有粗細之分。比較粗的辣椒粉可以看到完整的辣椒籽，口感上較粗，較少用來烹調料理，大多用在製作辣椒油或醬料，本身辣度較低，用以提升香氣。

麻辣臭豆腐

夜市、餐食店中最有人氣的小吃，
麻辣風味湯底，加入配料使湯底更甘甜。

材料　5人份

材料	份量
臭豆腐	10 塊
花生油	100 公克
老薑	100 公克
大辣椒	100 公克
芹菜	100 公克
客家鹹菜(福菜)	50 公克
泡發乾香菇	60 公克
乾豆豉	50 公克
大紅袍花椒	20 公克
青花椒	20 公克
乾辣椒段	30 公克
樹子	60 公克
昆布	60 公克
水	1 公斤
香菜	25 公克
九層塔	25 公克

調味料　5人份

調味料	份量
素辣豆瓣醬	150 公克
素蠔油	100 公克
鹽	適量
二砂糖	80 公克
香菇粉	20 公克

做法

處理食材

1. 老薑、大辣椒、芹菜切末；鹹菜、泡發乾香菇切絲；昆布切小段。

烹調麻辣醬和臭豆腐

2. 將花生油倒入鍋中，依序放入老薑、大辣椒、芹菜炒香，續入鹹菜、香菇和乾豆豉，轉中小火炒香，再倒入大紅袍花椒、青花椒、乾辣椒段炒香。
3. 加入樹子、昆布、素辣豆瓣醬炒香且油變成紅色，再加入素蠔油、鹽、二砂糖、香菇粉、水、臭豆腐煮滾，蓋上鍋蓋，以小火繼續煮 30 分鐘至入味。

盛盤

4. 盛盤，再以香菜、九層塔點綴即可。

師傅親授 小訣竅

1. 由於鹹菜、乾豆豉 、樹子、昆布在燜煮時，會自然釋放鹹味，所以製作麻辣醬時，必須斟酌鹹度，適中即可。
2. 這道豆腐料理主要是以花椒、辣椒、辣豆瓣的風味來調味，素蠔油只是提味，所以不可加太多。如果還不夠鹹的話，可以用鹽來調整。

清蒸臭豆腐

臭豆腐吸飽湯汁，搭配重口味食材食用，
口感風味更加分，一吃上癮。

材料　5人份

材料	份量
臭豆腐	10 塊
花生油	100 公克
老薑	100 公克
大辣椒	100 公克
芹菜	100 公克
泡發小麥纖肉	100 公克
榨菜絲	50 公克
乾豆豉	50 公克
菜脯碎	50 公克
水	600 公克
九層塔	25 公克

調味料　5人份

調味料	份量
素辣椒醬	150 公克
素蠔油	100 公克
鹽	適量
二砂糖	80 公克
香菇粉	20 公克

做法

處理食材

1. 老薑、大辣椒、芹菜切末；泡發小麥纖肉放入調理機中打碎；榨菜絲切小丁；菜脯碎泡水 15 分後瀝乾；九層塔清洗後泡水。

烹調清蒸醬和臭豆腐

2. 將花生油倒入鍋中，依序放入老薑、大辣椒、芹菜以小火炒香，續入泡發小麥纖肉、榨菜絲、乾豆豉、菜脯碎，轉中小火炒香，再倒入素辣椒醬、素蠔油炒香。
3. 加入鹽、二砂糖、香菇粉、水和臭豆腐煨煮約 1 分鐘。
4. 將做法 3. 倒入容器中，放入蒸籠或電鍋（外鍋需 1 杯水）蒸約 30 分鐘至入味。

盛盤

5. 臭豆腐盛盤，再以九層塔點綴即可。

師傅親授 小訣竅

1. 榨菜絲、乾豆豉、菜脯碎本身已有鹹度，所以製作清蒸醬時，調味必須斟酌。
2. 這道小吃中加入了鹹香甘甜的乾豆豉、口感脆且開胃的榨菜絲與菜脯碎三種配料，結合三者的風味與口感，讓臭豆腐料理更有層次。

碳烤杏鮑菇

做法簡單又美味，在家就能輕鬆做，是最佳的下酒菜！

材料 5人份

材料	份量
杏鮑菇	500 公克
香茅乾	1 公克
肉桂條	1 公克
月桂葉	1 片
檸檬葉	1 片
南薑乾	1 公克
檸檬	1 個

調味料 5人份

調味料	份量
米酒	450 公克
醬油	300 公克
麥芽糖	110 公克
冰糖	150 公克
二砂糖	150 公克
胡椒鹽	適量

做法

製作醬汁

1. 將米酒倒入鍋中，以小火煮滾，用點火棒點火上去燒，把酒精全部揮發完，加入除了胡椒鹽以外的所有調味料、辛香料，以小火煮至微滾，維持微滾狀態 2 ～ 2.5 小時，然後室溫下放涼，備用。

製作碳烤杏鮑菇

2. 杏鮑菇用木炭烤爐烤至表面微焦，壓下去觸感微軟即可。
3. 將杏鮑菇刷上醬汁烤至上色，重複操作 2 次，然後把杏鮑菇切對半，撒上胡椒鹽，再擠上檸檬汁即成。

師傅親授 小訣竅

煮醬汁時要注意濃稠度，不可以太濃稠，建議先煮 2 小時，煮的過程中試著用湯匙舀起，如果會有慢慢滴下，如絲綢般質感即完成。

素鹹酥雞

用炸杏鮑菇塊代替雞肉，
香酥嫩的口感，美味完全不輸正港鹹酥雞。

材料　5人份

材料	份量
杏鮑菇	200 公克
中薑	40 公克
九層塔	10 公克
地瓜粉	200 公克

調味料　5人份

調味料	份量
鹽	4 公克
醬油	10 公克
味精	2 公克
五香粉	2 公克

做法

處理食材

1. 杏鮑菇剝成片塊；中薑切末；九層塔取下葉子。
2. 杏鮑菇放入盆中，倒入鹽、醬油、味精和五香粉拌勻，再均勻沾裹地瓜粉。

炸杏鮑菇和九層塔

3. 鍋中倒入適量炸油（材料量以外），加熱至 170℃，放入做法 2. 炸至外表金黃，撈出瀝乾油分。
4. 原鍋放入九層塔炸至酥脆，撈出瀝乾油分，然後和做法 3. 混拌即成。

師傅親授 小訣竅

可加一些地瓜或芋頭一起炸，風味、口感更豐富。

棺材板

內餡改成全蔬食製作，
加入椰奶，使風味更獨特且有層次。

材料　5人份

材料	份量
洋菇	90 公克
新鮮香菇	60 公克
胡蘿蔔	60 公克
甜豆仁	60 公克
玉米粒	60 公克
椰奶	90 公克
市售素高湯	150 公克
厚片吐司	5 片
太白粉	50 公克
水	60 公克

調味料　5人份

調味料	份量
鹽	30 公克
胡椒粉	10 公克

做法

處理食材

1. 洋菇、新鮮香菇切片；胡蘿蔔削皮後切小丁；甜豆仁切小段。

製作餡料

2. 鍋中放入少許油（材料量以外），依序放入洋菇、香菇、胡蘿蔔、甜豆仁和玉米粒，以中小火炒香。
3. 倒入椰奶、素高湯煮滾，以鹽、胡椒粉調味。
4. 倒入拌勻的太白粉水勾芡。

煎吐司

5. 鍋燒熱，倒入適量沙拉油（材料量以外），先放入吐司厚片，煎炸至兩面金黃，取出。

組合餡料

6. 將吐司中間挖空，填入餡料即成。

師傅親授 小訣竅

1. 椰奶可以換成豆漿，餡料的風味更濃郁。
2. 也可以在椰奶中增加素咖哩粉，更能品嚐到南洋香氣風味。

營養三明治

加入巴薩米克醋調配成的義式風味夾餡，
試試創新口味的蔬食營養三明治。

材料　5人份

材料	份量
吐司	15 片
洋菇	80 公克
杏鮑菇	200 公克
胡蘿蔔	200 公克
綠櫛瓜	200 公克
黃櫛瓜	200 公克
聖女小蕃茄	40 公克

酥炸麵糊

材料	份量
吉士粉	40 公克
中筋麵粉	200 公克
太白粉	200 公克
水	300 公克

調味料　5人份

材料	份量
鹽	5 公克
黑胡椒粒	5 公克
巴薩米克醋	10 公克
義大利香料粉	2 公克

做法

處理食材

1. 吐司修邊；洋菇切片；杏鮑菇切片；胡蘿蔔削皮後切片；綠櫛瓜、黃櫛瓜切片；聖女小蕃茄切片。

製作、排放餡料

2. 鍋燒熱，倒入適量沙拉油（材料量以外），依序放入洋菇、杏鮑菇、胡蘿蔔、綠櫛瓜、黃櫛瓜和小蕃茄拌炒，以鹽、黑胡椒粒、巴薩米克醋和義大利香料粉調味。
3. 取一片吐司平放，排上餡料，蓋上第二片吐司，再排上餡料，再蓋上第三片吐司，一共疊放三層。

製作麵糊

4. 將吉士粉、中筋麵粉、太白粉和水拌勻成酥炸麵糊。
5. 取排好的做法 3. 均勻沾裹麵糊。

煎三明治

6. 鍋燒熱，倒入適量沙拉油（材料量以外），放入做法 5.，煎炸至兩面金黃，取出對切，再對切即成。

師傅親授 小訣竅

1. 巴薩米克醋是將「葡萄帶皮」榨汁後去熬煮，濃縮至一半量，再經過發酵而成的天然風味醋，略帶甜味，散發出獨特的熟成果香味。
2. 配料中可增加堅果類，口感與風味更加分。

素蚵嗲

外皮炸得香酥脆，菜料內餡搭得恰到好處，
剛起鍋是最美味的時刻。

材料　5人份

高麗菜	150 公克
泡發乾香菇	50 公克
海帶捲	50 公克
老薑	30 公克
芹菜	100 公克
杏鮑菇	50 公克
胡蘿蔔	50 公克
乾紫菜	30 公克
罐頭草菇	100 公克
中筋麵粉	100 公克
在來米粉	50 公克
糯米粉	50 公克
黃豆粉	50 公克
過濾水	400 公克
發粉	5 公克
芥花油（加入粉漿用）	50 公克
香菜	25 公克

調味料　5人份

芥花油	適量
花生油	50 公克
香菇粉	50 公克
鹽	適量
二砂糖	適量
白胡椒粉	適量
五香粉	適量
三奈粉（沙薑粉）	0.1 公克
素蠔油	30 公克
甜辣醬	60 公克
熱水	100 公克
二砂糖	30 公克
白胡椒粉	0.5 公克
甘草粉	0.5 公克
百草粉	0.5 公克

做法

製作內餡

1. 泡發乾香菇、高麗菜、海帶捲、杏鮑菇、胡蘿蔔削皮後切丁；老薑、芹菜切末；乾紫菜加清水泡軟後瀝乾；罐頭草菇汆燙後瀝乾。
2. 將花生油倒入鍋中，依序放入香菇、高麗菜、海帶捲、老薑、杏鮑菇、胡蘿蔔、乾紫菜和草菇炒香，再加入芹菜，用鹽、二砂糖、白胡椒粉、五香粉、三奈粉炒匀，盛入容器中，放涼後冷藏備用。

製作麵糊

3. 將中筋麵粉、在來米粉、糯米粉、黃豆粉、發粉都過篩入鋼盆，慢慢加入過濾水、芥花油（加入粉漿用），拌匀至無顆粒，放涼後冷藏備用。

製作沾醬

4. 將素蠔油、甜辣醬、熱水、二砂糖、白胡椒粉、甘草粉、百草粉倒入鍋中煮滾，放冷後冷藏備用。
5. 鍋中倒入約六分滿芥花油，加熱至 160℃，取湯杓放入鍋中潤油 30 秒，讓湯杓吃油。拿起湯杓，先倒入適量麵糊，再放入內餡，再鋪上麵糊，抹平表面，放入油鍋中炸至外表呈金黃色。
6. 撈起蚵嗲，瀝乾油分，搭配醬汁、香菜即可享用。

師傅親授 小訣竅

1. **油炸素蚵嗲時，必須先把麵糊炸至定型，素蚵嗲才能從湯杓底部挖出。此外油炸時，要避免外皮破掉。**
2. **麵糊不可調得太稠，包裹餡料後才比較好塑形。如果不小心麵糊太稠了，可加點水調整。**

食材泡在中藥藥材、黑豆瓣醬中烹調，
甘甜不膩的滋味，正餐外，更是最佳點心。

材料　5人份

材料	份量
老薑	50 公克
乾豆豉	50 公克
水	5 公斤
杏鮑菇	100 公克
白蘿蔔	100 公克
綠花椰菜	80 公克
紫菜糕	100 公克
高麗菜	50 公克
玉米筍	50 公克
袖珍菇	50 公克
乾豆皮	50 公克
金針菇	100 公克
海帶捲	5 捲
素丸	10 粒

十八香香料

大紅袍花椒	5 錢
八角	3 錢
山奈	2 錢
白芷	2 錢
南薑	2 錢
草果	1 粒
肉荳蔻	1 錢
小茴香	1 錢
砂仁	1 錢
木香	1 錢
肉桂皮	1 錢
乾薑	1 錢
丁香	1 錢
黑陳皮	1 錢
胡荽子	1 錢
香茅	2 錢
白胡椒粒	1 錢
香葉	1 錢

調味料　5人份

調味料	份量
花生油	150 公克
黑豆瓣醬	150 公克
芝麻醬或胡麻醬	50 公克
醬油	適量
素蠔油	100 公克
香菇粉	適量
鹽	適量
冰糖	適量

做法

處理食材

1. 十八香中藥材先泡清水洗淨，瀝乾水分，然後將中藥材用棉布袋裝成一包，備用。
2. 老薑切片；杏鮑菇切塊後泡水；白蘿蔔削皮，切塊後泡水；綠花椰菜切掉硬梗，切塊後泡水；紫菜糕切長條；高麗菜切段後泡水。

烹調食材

3. 將水倒入湯鍋中，加入做法 1.、杏鮑菇、白蘿蔔煮滾，蓋上鍋蓋，改小火煮約 30 分鐘，撈出食材，滷汁保留在湯鍋中，備用。
4. 炒鍋燒熱，倒入花生油，放入老薑炒至表面焦黃，續入乾豆豉以中小火炒出香氣，再依序倒入黑豆瓣醬、芝麻醬炒香，加入醬油、素蠔油炒香。
5. 做法 4. 倒入做法 3. 滷汁中，以小火煮 30 分鐘，以香菇粉、鹽和冰糖調味。
6. 將海帶捲放入做法 5. 中滷煮 10 分鐘至軟，續入綠花椰菜、紫菜糕、高麗菜、玉米筍、袖珍菇、乾豆皮、金針菇和素丸滷煮約 3 分鐘即成。

師傅親授 小訣竅

1. 十八香香料包可至中藥房配。
2. 熬煮滷汁的過程中水分會蒸發，所以熬煮好時，記得要補足原有的水量。完成的滷汁很適合當冷燻滷汁，風味極佳。

素龍鳳腿

豐富的內餡、扎實的口感，
大眾接受度高的銅板美食。

材料	5人份
泡發小麥纖肉	150 公克
板豆腐	150 公克
高麗菜	100 公克
海帶捲	30 公克
泡發乾香菇	30 公克
老薑	30 公克
芹菜	30 公克
牛蒡	30 公克
杏鮑菇	30 公克
胡蘿蔔	10 公克
礦泉水	100 公克
太白粉	30 公克
高筋麵粉	80 公克
在來米粉	40 公克
低筋麵粉	10 公克
自來水	適量
裁好三角豆腐皮	10 張
竹籤	10 支

調味料	5人份
芥花油	100 公克
花生油	50 公克
香油	50 公克
香菇粉	適量
鹽	適量
二砂糖	適量
純白胡椒粉	1 公克
素蠔油	10 公克

沾醬

沾醬	
素蠔油	10 公克
素辣豆瓣醬	100 公克
水	200 公克
二砂糖	50 公克

做法

處理食材

1. 將泡發小麥纖肉、板豆腐、高麗菜、海帶捲放入調理機中攪打成泥，倒入鋼盆，備用。
2. 泡發乾香菇擠乾水分，放入調理機中打碎；老薑、芹菜切細末；牛蒡削皮後切細絲；杏鮑菇切細絲；胡蘿蔔削皮後切細丁。

製作餡料

3. 鍋燒熱，倒入少許花生油，先放入香菇炒香，續入老薑、芹菜炒香，盛出放涼。然後加入做法 1.、胡蘿蔔混拌均勻，冷藏備用。
4. 鍋燒熱，倒入剩下的花生油，先放入牛蒡、杏鮑菇以小火炒至金黃，盛出放涼，再與做法 3. 混拌均勻，加入礦泉水、太白粉、過篩的高筋麵粉、在來米粉、香油、香菇粉、鹽、二砂糖、純白胡椒粉和 10 公克的素蠔油混拌均勻，即成餡料，冷藏備用。

製作沾醬

5. 鍋中倒入素蠔油、素辣豆瓣醬、水和二砂糖煮滾，放涼後冷藏備用。

烹調龍鳳腿

6. 將低筋麵粉加入自來水，拌勻調成麵糊。
7. 在三角豆皮攤平，中放入餡料，插入 1 支竹籤，將豆皮捲起來，收口處以麵糊黏好。
8. 鍋中倒入芥花油，加熱至 170℃，放入龍鳳腿炸至外表金黃，撈出瀝乾油分。欲食用時，可搭配沾醬。

師傅親授 小訣竅

製作沾醬時，如果不喜歡辣豆瓣的風味，可以改用味噌、蕃茄醬；也可以用麵輪、乾豆皮取代小麥纖肉製作餡料。

塔香抓餅

黃金比例的餅配方，口感酥脆；
以九層塔取代蔥，香氣更加濃厚。

材料　5人份

材料	份量
中筋麵粉	300 公克
滾水	150 公克
九層塔	40 公克
辣椒	10 公克
中薑	2 公克

調味料　5人份

調味料	份量
鹽	3 公克
胡椒粉	5 公克
味精	3 公克

做法

製作麵團

1. 將過篩的麵粉倒入鋼盆中，沖入滾水，用槳狀攪拌頭拌至看不見乾粉，麵團呈光滑狀。
2. 取出麵團，蓋上保鮮膜，鬆弛約 15 分鐘。

處理食材

3. 九層塔、辣椒和中薑都切碎。

製作餅皮、煎熟

4. 取出麵團，分割成每個約 90 公克的小塊麵團。
5. 將小麵團搓成圓球，蓋上保鮮膜鬆弛約 30 分鐘。然後將圓球壓平，放在抹了些許油的工作桌上，蓋上保鮮膜。
6. 慢慢將小麵團擀開，使成大張的圓麵皮，先撒上調味料，再撒入九層塔、辣椒和中薑。
7. 將圓麵皮由下往上捲成長條麵團，再將長條麵團繞圈捲成蝸牛狀，鬆弛約 30 分鐘。
8. 將蝸牛狀麵團以手壓平，再擀平成圓片狀。
9. 平底鍋燒熱，倒入沙拉油（材料量以外，油多一些可增加餅皮的脆度），放入做法 8. 煎至兩面呈金黃，食用時再切成小片。

師傅親授 小訣竅

1. 做法 6. 中要慢慢將麵團擀成麵皮，小心不要破掉（見圖 1）。
2. 做法 7. 把長條麵團捲成蝸牛狀，記得麵團收口要往內塞（見圖 2）。
3. 做法 8. 要把麵團擀成厚薄均一的圓麵皮（見圖 3），才能均勻煎熟。

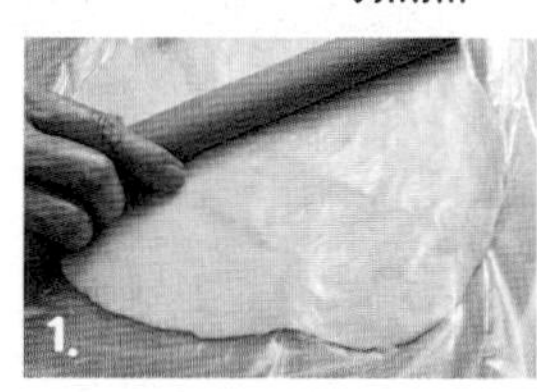
1.

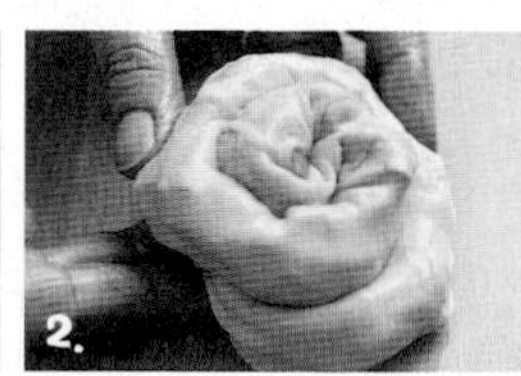
2.

3.

麻糬

用植物奶取代牛奶，素食者也能享受傳統美食，沾上抹茶粉、芝麻粉，品嚐兩種風味。

材料　5人份

材料	份量
糯米粉	100 公克
沙拉油	15 公克
細砂糖	15 公克
水	20 公克
市售紅豆餡	100 公克

調味料　5人份

調味料	份量
抹茶粉	10 公克
芝麻粉	20 公克
糖粉	10 公克

做法

製作粉糰

1. 將糯米粉、沙拉油、細砂糖和水倒入鍋中，以小火煮滾至黏稠。
2. 取出黏稠的粉糊，揉成光滑的粉糰。

備好沾粉

3. 將抹茶粉、芝麻粉分別拌入糖粉，混合拌勻。

分割、包餡

4. 粉糰分割成 30 公克，一共 5 個；將紅豆餡分成 20 公克，一共 5 個，每個都搓成圓形。
5. 將粉糰壓扁，包入紅豆餡，再捏緊收口處。
6. 將做法 5. 沾裹兩種沾粉即成。

師傅親授 小訣竅

內餡還可以包入烏豆沙餡、白豆沙餡等。

麵粉煎

內餡融合芝麻香與紅糖甜香，外層麵皮口感爽脆，古早味點心滿滿兒時的回憶。

材料 5人份

卡士達粉	20公克
細砂糖	20公克
低筋麵粉	150公克
泡打粉	5公克
麥芽糖	20公克
水	75公克
白芝麻	10公克
黑芝麻	10公克

調味料 5人份

紅糖	20公克

做法

製作麵糊

1. 將卡士達粉、細砂糖、過篩的低筋麵粉和泡打粉倒入鋼盆中，加入麥芽糖、水，攪拌均勻成麵糊。

炒芝麻

2. 將白芝麻、黑芝麻倒入不沾平底鍋中，以乾鍋炒香，先取出。

煎麵粉煎

3. 將麵糊倒入同一個平底鍋中，煎至底部麵糊熟了且底部上色。
4. 撒入白芝麻、黑芝麻和紅糖。
5. 將麵粉煎對摺即可起鍋。

師傅親授 小訣竅

內餡可以換成芋泥、地瓜泥或紅豆餡等搭配。

地瓜圓

以地瓜粉與地瓜製作，無多餘添加，
最健康的甜點，吃出自然的美味。

材料　5人份

地瓜	150 公克
地瓜粉	200 公克

調味料　5人份

二砂糖	50 公克
黑糖	80 公克

做法

蒸地瓜泥

1. 地瓜洗淨，削皮後切滾刀塊，排入蒸盤中。
2. 將做法 1. 放入電鍋，外鍋倒入 2 杯水，按下開關，蒸 15 ～ 20 分鐘，至地瓜塊熟了，取出後用叉子將地瓜塊壓成泥。

製作生地瓜圓

3. 將地瓜泥放入容器中，加入地瓜粉先拌成糰，續入二砂糖拌成地瓜糰。
4. 將地瓜糰分成拇指般大小的塊狀，成為一個個生地瓜圓。

煮地瓜圓、黑糖水

5. 鍋中倒入八分滿的水煮滾，放入生地瓜圓煮熟，撈出瀝乾水分，水倒掉。
6. 原鍋倒入黑糖和適量水煮滾，加入煮好的地瓜圓即成。

師傅親授 小訣竅

甜湯中還可以再加入小湯圓、芋頭、桂花等，配料更豐盛。此外，熱食或加冰食用則有不同風味。

PART2

麵點&粿&糕

這個單元收錄了

碗粿、蘿蔔糕、水煎包、小籠包等

大家常吃的知名麵點和粿、糕類小吃。

只要準備簡單的麵粉材料，

以及喜愛的素餡料，就能完成專屬自家口味的素小吃。

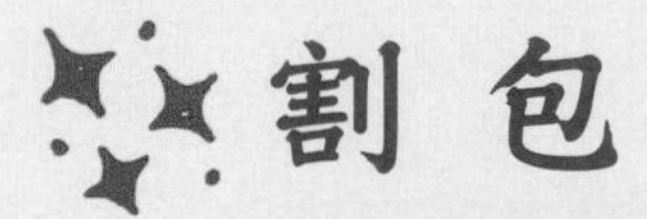

割包

滷得鹹香的餡料搭配花生糖粉，
香而不膩，吃得心滿意足。

材料　5人份

材料	份量
牛奶	40 公克
水	130 公克
速溶酵母	3 公克
粉心麵粉 a	160 公克
粉心麵粉 b	120 公克
沙拉油	8 公克
細砂糖	20 公克
酸菜	100 公克
香菜	10 公克
麵腸	200 公克
八角	2 公克
乾燥迷迭香	1 公克
水	1.2 公斤
花生粉	100 公克
細糖粉	60 公克
沙拉油	適量

調味料　5人份

醬油	80 公克
素蠔油	40 公克
二砂糖	20 公克

做法

製作麵團

1. 將酵母、水拌勻成酵母水。
2. 將過篩的粉心麵粉 a 倒入鋼盆中，加入酵母水和牛奶，拌勻成稠狀麵團，蓋上保鮮膜，鬆弛約 30 分鐘。
3. 打開保鮮膜，加入過篩的粉心麵粉 b、沙拉油和細砂糖攪拌成麵團。把麵團放在工作桌上，搓揉成光滑的麵團，放回鋼盆中，蓋上保鮮膜，鋼盆倒扣蓋住，鬆弛 3 ～ 5 分鐘。
4. 取出發酵好的麵團，擀壓成平整麵片，用圓形壓模壓出每個約 60 公克的圓麵片，再將圓麵片擀成長 17X 寬 10 公分的長橢圓麵片。
5. 麵片的內面刷上沙拉油防沾黏，麵片邊緣留約 0.3 公分不要塗抹。把麵片對摺，放在平盤上發酵約 30 分鐘。
6. 將麵片放在烘焙紙上，放入滾水蒸籠中蒸約 12 分鐘，取出放涼，備用。

製作餡料

7. 酸菜切絲。鍋燒熱，倒入少許沙拉油（材料量以外），放入酸菜炒香且水分收乾。
8. 麵腸對切成兩半，再將麵腸都切成蝴蝶刀，並在內面劃兩刀；放入 180℃的油鍋中炸酥，取出。
9. 鍋燒熱，倒入少許沙拉油（材料量以外），放入八角、迷迭香稍微炒過，盛入棉布袋中做成滷包。
10. 原鍋中加入醬油、素蠔油炒香，續入二砂糖煮融，倒入水，放入麵腸、滷包，以小火滷至麵腸入味，約 50 分鐘。

組合

11. 花生粉、細糖粉拌勻。將割包攤開，鋪上花生糖粉，再放上酸菜、麵腸、香菜即成。

師傅親授 小訣竅

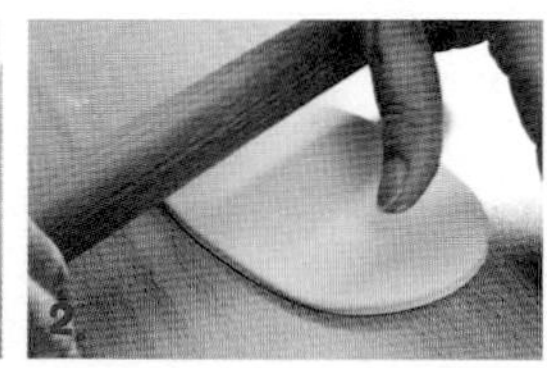

1. **用圓形壓模壓出圓麵片（見圖 1），再將圓麵片擀成長橢圓麵片最方便使用（見圖 2）。**
2. **麵腸切蝴蝶刀是指將麵腸平放，一手壓住。另一手持刀橫向將麵腸剖半，但不要完全切斷。**

水煎包

**高麗菜的甜、沙拉筍的脆，加上樸實的調味，
傳統水煎包當早餐、點心最適合。**

材料　5人份

中筋麵粉	200 公克
水	125 公克
速溶酵母	5 公克
中薑	2 公克
高麗菜	120 公克
胡蘿蔔	10 公克
新鮮香菇	7 公克
沙拉筍	10 公克

調味料　5人份

鹽	2 公克
胡椒粉	2 公克
味精	1 公克

做法

製作麵團

1. 將酵母、水拌勻成酵母水。
2. 將過篩的麵粉倒入鋼盆中，加入酵母水，用攪拌器拌成不黏手的麵團，蓋上保鮮膜，鬆弛約 20 分鐘。

製作餡料

3. 中薑切末；高麗菜切絲；胡蘿蔔削皮後切絲；新鮮香菇和沙拉筍都切絲。
4. 將做法 3. 全部放入容器中，以鹽、胡椒粉和味精調味，拌勻成餡料，冷藏備用。

包水煎包

5. 麵團先擀開成長方形麵皮，再捲成長條圓柱狀，切成每個約 65 公克的小麵團。
6. 將小麵團擀成中間厚、邊緣薄的圓形麵皮。
7. 取一個麵皮，放入 30 公克的餡料，左手大拇指一邊把餡料壓入麵皮裡，右手持續摺且捏緊。
8. 以摺、捏緊的步驟持續將包子皮收口，中間捏緊，成為包子形狀，再將收口朝下，壓成扁圓狀。

煎水煎包

9. 平底鍋燒熱，倒入些許沙拉油（材料量以外），排入煎包，以中小火煎至上色，多翻幾次面，煎至兩面都呈金黃即成。

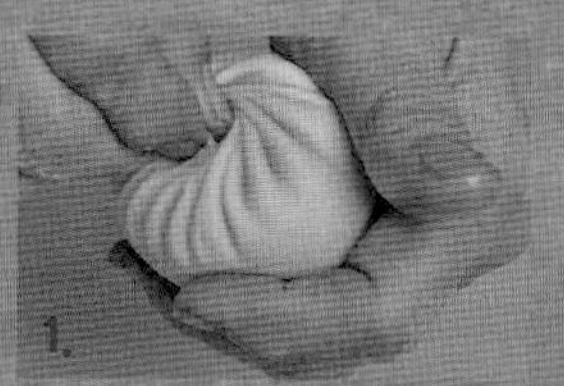
1.

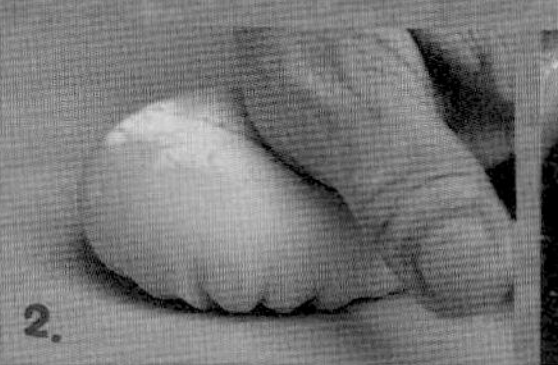
2.

3.

師傅親授 小訣竅

1. 以摺、捏緊的步驟持續將包子皮收口，最後要將中間扭緊（見圖 1），才會變成包子狀。
2. 包好的煎包要將收口朝下壓成扁圓（見圖 2），煎的時候，摺紋收口那一面要朝上（見圖 3）。

小籠包

**剛出爐的小籠包餡香皮Q彈，
大人小孩都喜愛的路邊美食。**

材料　5人份

材料	份量
中筋麵粉	300 公克
水	180 公克
速溶酵母	10 公克
中薑	20 公克
新鮮香菇	180 公克
胡蘿蔔	50 公克
碧玉筍	30 公克
西洋芹	20 公克
嫩薑	30 公克

調味料　5人份

調味料	份量
鹽	10 公克
胡椒粉	8 公克
味精	8 公克
醬油	40 公克

做法

製作麵團

1. 將酵母、水拌勻成酵母水。
2. 將過篩的麵粉倒入鋼盆中，加入酵母水，用攪拌器拌成不黏手的麵團，蓋上保鮮膜，鬆弛約 20 分鐘。

製作餡料

3. 中薑、新鮮香菇切末；胡蘿蔔削皮後切末；碧玉筍切圈；西洋芹切末；嫩薑切絲。
4. 將做法 **3.** 全部放入容器中，以鹽、胡椒粉和味精調味，拌勻成餡料，冷藏備用。

包、蒸小籠包

5. 麵團先擀開成長方形麵皮，再捲成長條圓柱狀，切成每個約 16 公克的小麵團。
6. 將小麵團擀成中間厚、邊緣薄的圓形麵皮。
7. 取一個麵皮，放入 10 公克的餡料，左手大拇指一邊把餡料壓入麵皮裡，右手持續摺且捏緊。
8. 以摺、捍緊的步驟持續將包子皮收口，中間捏緊，成為小包子形狀，發酵約 30 分鐘。
9. 蒸籠墊上烘焙紙，排入生小籠包，水滾後以中小火蒸約 10 分鐘即成。
10. 欲食用時，醬油倒入小碟子中，放上薑絲，搭配醬油享用。

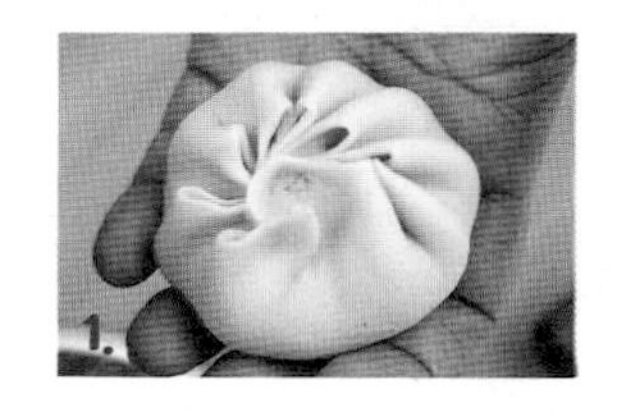

1. **以摺、捏緊的步驟持續將包子皮收口，中間捏緊，成為小包子形狀（見圖 1）。**
2. **做好的餡料要放入冷藏，包內餡的時候比較容易包。**

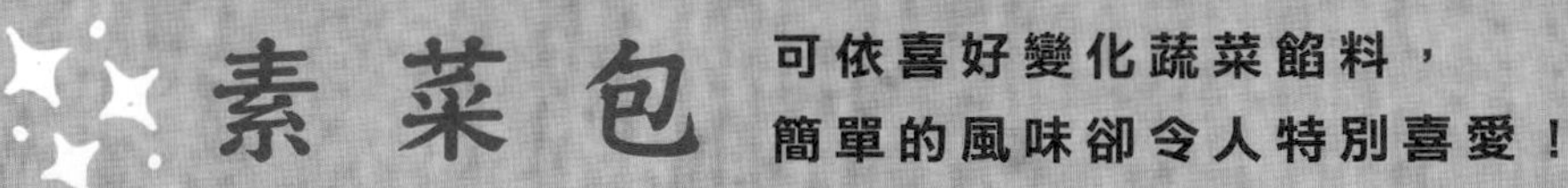

素菜包

可依喜好變化蔬菜餡料，
簡單的風味卻令人特別喜愛！

材料　5人份

材料	份量
粉心麵粉	105 公克
速溶酵母	1 公克
泡打粉	2 公克
細砂糖	2 公克
溫開水	40 公克
高麗菜	40 公克
乾香菇	7 公克
胡蘿蔔	20 公克
雪裡紅	20 公克
豆乾	10 公克
薑末	3 公克

調味料　5人份

調味料	份量
鹽	10 公克
素蠔油	3 公克
香油	5 公克
白胡椒粉	2 公克
細砂糖	3 公克

做法

製作包子皮麵團

1. 將過篩的粉心麵粉倒入鋼盆中，加入酵母、泡打粉和細砂糖混合均勻。然後分次加入常溫水，揉成表面光滑的麵團。
2. 將麵團放回鋼盆中，蓋上保鮮膜，鋼盆倒扣蓋住，鬆弛約 20 分鐘。
3. 將麵團分成幾等分，分別搓揉成直徑 4 公分的長條圓柱狀，再將麵團分割成 30 公克的小麵團。
4. 將小麵團擀成圓麵皮，即成包子皮，撒上些許手粉，避免沾黏。

製作餡料

5. 乾香菇泡水至軟後切絲；高麗菜、雪裡紅、豆乾都切絲；胡蘿蔔削皮後切絲。
6. 鍋燒熱，倒入少許沙拉油（材料量以外），先放入香菇、雪裡紅、豆乾炒香，續入胡蘿蔔、高麗菜，以鹽、素蠔油、香油、白胡椒粉和細砂糖調味，即成餡料，等放涼，放入冷藏 2 小時。

包、蒸菜包

7. 取一個包子皮，包入 20 公克的餡料，左手按著餡料，右手持續摺且捏緊。
8. 以摺、捏緊的步驟持續將包子皮收口，中間捏緊，成為包子形狀。
9. 將包子排入墊了烘焙紙的蒸籠中，發酵約 30 分鐘。
10. 等水滾後以大火蒸 10 ～ 12 分鐘即成。

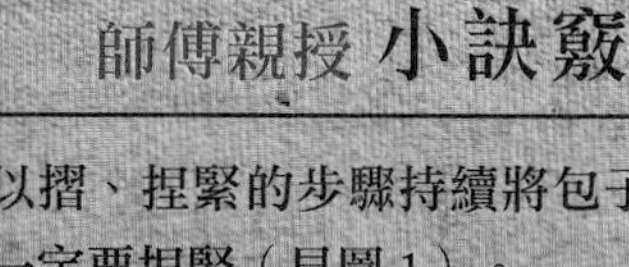

以摺、捏緊的步驟持續將包子皮收口，中間一定要捏緊（見圖 1）。

水餃

冷水麵製成的水餃皮
比較有彈性、更耐煮，
搭配家常風味的素餡料，
是餐桌上的常備料理。

材料	5人份
中筋麵粉	400 公克
冷水	220 公克
沙拉油	30 公克
鹽	5 公克
高麗菜	250 公克
新鮮香菇	100 公克
冬粉	50 公克
豆包	30 公克
豆乾	60 公克
薑末	30 公克

調味料	5人份
香油	15 公克
醬油	10 公克
細砂糖	10 公克
鹽	10 公克
胡椒粉	5 公克

做法

製作水餃皮

1. 中筋麵粉篩入鋼盆中，倒入混勻的鹽水、沙拉油，先用筷子攪拌成小麵片，直到看不到粉氣，再全部倒在工作桌上，搓揉成團，放回鋼盆中，蓋上保鮮膜，鋼盆倒扣蓋住，鬆弛約 20 分鐘。
2. 取出麵團，先揉成光滑的麵團，再搓揉成直徑 2 ～ 2.5 公分的長條圓柱狀，平均切成 50 個小麵團（每個約 13 公克），蓋上保鮮膜鬆弛一下。
3. 將小麵團壓扁（如果麵團會回彈，可蓋上保鮮膜再鬆弛一下），擀成中間厚、邊緣薄的圓形麵皮，共 50 個，撒上些許手粉。

製作餡料

4. 高麗菜、新鮮香菇、豆包和豆乾都切小丁；冬粉以水泡軟泡，切小段。
5. 鍋中倒入香油，倒入做法4，再加入薑末、醬油、細砂糖、鹽和胡椒粉拌勻成餡料。
6. 餡料再次瀝乾水分。

包水餃

7. 取一張水餃皮，放入 10 公克的餡料，水餃皮中間黏合。
8. 虎口將右邊的皮往中間推至收口，再將左邊的皮也往中間推至收口。
9. 雙手併起往下壓緊，即成元寶狀水餃。
10. 備一鍋滾水，放入生水餃煮至水餃浮起，撈出即可。
11. 欲食用時，可搭配辣椒醬油（做法參照 p.55 師傅親授小訣竅 3.）更美味。

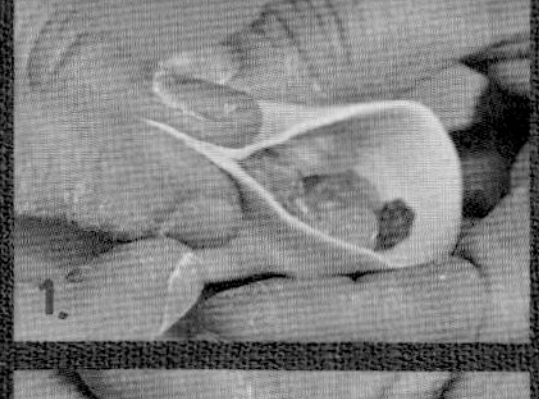

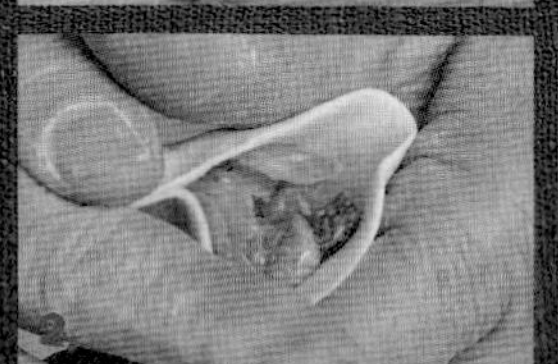

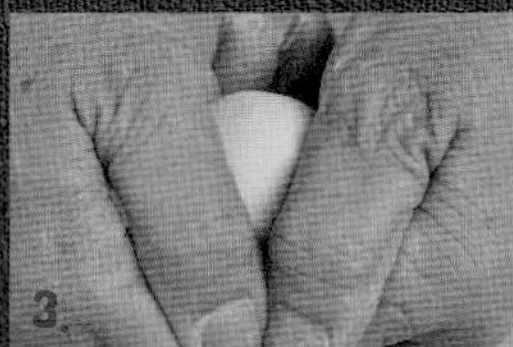

師傅親授 小訣竅

包水餃時，水餃皮中間要對捏黏緊（見圖 1），先將右邊的皮往中間推至收口，再將左邊的皮也往中間推至收口（見圖 2），雙手再往下壓緊（見圖 3）。

鍋貼

煎得香酥脆的皮，搭配可口的內餡，
家用平底鍋也能自製國民美食。

材料　5人份

材料	份量
中筋麵粉	400 公克
水	200 公克
沙拉油	30 公克
鹽	3 公克
高麗菜	250 公克
新鮮香菇	100 公克
竹筍	50 公克
芹菜	30 公克
嫩豆腐	60 公克
薑末	30 公克
麵粉	5 公克
水	300 公克

調味料　5人份

調味料	份量
香油	15 公克
醬油	10 公克
細砂糖	10 公克
鹽	10 公克
胡椒粉	5 公克

做法

製作鍋貼皮

1. 中筋麵粉篩入鋼盆中，倒入混勻的鹽水、沙拉油，先用筷子攪拌成小麵片，直到看不到粉氣，再混合攪拌成鬆散的麵片狀。
2. 全部倒在工作桌上，搓揉成團，放回鋼盆中，蓋上保鮮膜，鋼盆倒扣蓋住，鬆弛約 20 分鐘。
3. 取出麵團，先揉成光滑的麵團，再搓揉成直徑 2 ～ 2.5 公分的長條圓柱狀，再將麵團分割成 12 公克的小麵團。
4. 將小麵團壓扁，擀成中間厚、邊緣薄的圓形麵皮，共50個。

製作餡料、煎鍋貼

5. 高麗菜、新鮮香菇、竹筍、嫩豆腐和芹菜都切小丁，放入容器中，加入薑末，以香油、醬油、細砂糖、鹽和胡椒粉拌勻成餡料，放入冷藏 1 小時。
6. 將餡料再次瀝乾水分。
7. 取一張鍋貼皮，包入 10公克的餡料，皮的上下兩邊捏合。
8. 尾端皮往內壓縮。
9. 將 300 公克的水、5 公克的麵粉拌勻成麵粉水。
10. 平底鍋燒熱，倒入少許油（材料量以外），排入鍋貼稍微煎一下。
11. 倒入麵粉水至 1/3 的高度，蓋上鍋蓋，以大火煎至水滾，再轉中小火煎至麵粉水收乾、鍋貼熟了即成。

1

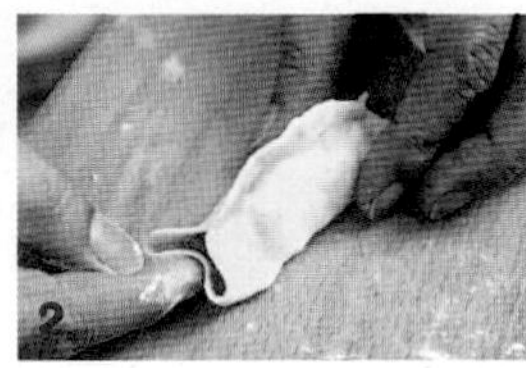

2

師傅親授 小訣竅

1. 鍋貼皮不可以擀得太薄，擀成中間厚、邊緣薄的圓形麵皮，皮才不會破，且比較好吃。
2. 包鍋貼時，皮的上下兩邊要捏緊（見圖 1），尾端皮往內壓縮（見圖 2）。
3. 可以自製「辣椒醬油」當成沾醬食用。先備好大紅辣椒 50 公克、朝天椒 10 公克、糯米椒 10 公克、薄鹽醬油 500 公克和香油 10 公克。將三種辣椒洗淨，去掉蒂頭，置於陰涼處曬乾，放入調理機中打碎，再倒入玻璃瓶中。接著倒入醬油、香油，蓋好蓋子後冷藏一天即可。

紅油抄手

切碎的蔬菜加上簡單調味，
更能突顯食材的自然清甜，品嚐原味。

材料　5人份

材料	份量
粉心麵粉	135 公克
水	27 公克
中薑	10 公克
新鮮香菇	30 公克
胡蘿蔔	20 公克
碧玉筍	20 公克
西洋芹	10 公克
豆芽菜	20 公克
香菜	2 公克
福山萵苣（大陸妹）	60 公克

調味料　5人份

調味料	份量
鹽	3 公克
胡椒粉	3 公克
味精	3 公克
辣椒油	10 公克
白醋	2 公克

做法

製作麵團

1. 將過篩的粉心麵粉倒入鋼盆中，加入水攪拌至看不到粉氣的鬆散麵片狀，再全部倒在工作桌上，搓揉成表面光滑的麵團，蓋上保鮮膜，鬆弛約 20 分鐘。

製作餡料

2. 中薑、新鮮香菇切末；胡蘿蔔削皮後切末；碧玉筍切圈；西洋芹切末；豆芽菜去蒂頭；香菜切小段；大陸妹切片。
3. 將做法 2. 中除了豆芽菜、香菜和萵苣以外的其他食材倒入容器中，以鹽、胡椒粉和味精調味成餡料。

分割麵皮

4. 取出麵團，擀成 0.1 公分厚的大片麵皮。
5. 將麵皮切成 5 公分的正方形麵片，即成抄手皮，共 12 片。

包、煮抄手

6. 取一張抄手皮，放入 5 公克的餡料，稍抹平，先將四個角中的一角摺至中心，再將其他三個角也分別往中心摺。
7. 用包餡匙將中間皮壓一下，右手再以包餡匙頂著餡料，左手虎口捏緊。
8. 拉出包餡匙，將抄手整成中空的圓形。
9. 備一鍋八分滿的水，煮滾，放入生抄手、豆芽菜煮熟。
10. 碗中放入辣椒油和白醋拌勻，依序放入豆芽菜、萵苣、抄手，最後放上香菜段，淋上辣椒油和白醋即成。

師傅親授 小訣竅

1. 也可以用自己常用的包餛飩方法來包抄手；可煸花椒油淋上，風味更佳。
2. 這道料理是以 5 人份為一盤，一盤為 12 顆計算。

碗粿

**最受歡迎的傳統米食小吃，
美味的餡料讓碗粿美味加分！**

材料　5人份

材料	份量
豆乾	100 公克
泡發乾香菇	100 公克
素肉	100 公克
老薑	50 公克
芹菜	50 公克
菜脯碎	100 公克
香菜	10 公克
在來米粉	250 公克
太白粉	50 公克
冷水	500 公克
熱水	700 公克

調味料　5人份

調味料	份量
香油	100 公克
素蠔油	100 公克
香菇粉	50 公克
二砂糖	50 公克
白胡椒粉	適量
五香粉	適量
鹽	適量
素肉圓醬汁	適量

做法

製作餡料

1. 豆乾、泡發乾香菇、素肉切丁；老薑、芹菜切末；碎菜脯泡水 15 分鐘，去除鹽分，瀝乾水分；素肉圓醬汁做法參照 p.15。
2. 鍋燒熱，倒入少許香油，先放入菜脯碎炒香，盛出放涼備用。
3. 原鍋放入薑末炒香，續入豆乾、香菇、素肉炒至焦香，以素蠔油、香菇粉、二砂糖、白胡椒粉和五香粉調味，炒勻即成配料。

製作米粉漿

4. 將在來米粉、太白粉、冷水倒入鋼盆中拌勻，加入部分餡料和鹽、白胡椒粉拌勻，倒入熱水快速充分攪拌，直至米粉漿變成濃稠狀。

蒸熟

5. 取瓷碗或可蒸的容器，刷上少許香油，將米粉漿平均分裝至容器中，約八分滿，以湯匙沾水抹平米粉漿表面。
6. 等蒸籠水滾，放入做法 5. 以中火蒸約 30 分鐘。
7. 取出放室溫下冷卻，讓碗粿表面多餘水分可以蒸發。
8. 將碗粿倒扣於盤子中，淋上素肉圓醬汁，撒上菜脯碎、剩下的餡料和香菜、芹菜末即成。

師傅親授 小訣竅

1. **炒菜脯碎時，一定要炒到微焦，香氣才會足夠。此外，炒餡料時，可以用小麥纖肉替代素肉，更有絞肉的口感。**
2. **舀入米粉漿時，千萬不要舀得太滿，以免蒸製時會再膨脹而溢出碗外。**

草仔粿

獨特的艾草粉香氣和 Q 彈外皮，
配上炒香的餡料，品嚐兒時的美味。

材料　5人份

材料	份量
糯米粉	125 公克
在來米粉	30 公克
細砂糖	15 公克
艾草粉	6 公克
沙拉油	10 公克
滾水	110 公克
沙拉油	50 公克
乾香菇	30 公克
蘿蔔絲乾	150 公克
泡香菇水	100 公克
粽葉	5 片

調味料　5人份

調味料	份量
白胡椒粉	2 公克
鹽	5 公克
細砂糖	7 公克

做法

處理食材

1. 乾香菇以水泡軟，瀝乾水分後切碎，泡香菇的水要留著，不要倒掉。乾蘿蔔絲以水泡約 10 分鐘，取出擠乾水分，切碎。

製作餡料

2. 鍋燒熱，倒入 50 公克的沙拉油，先放入蘿蔔絲乾、香菇炒香，續入香菇水、胡椒粉、鹽和 7 公克的細砂糖炒勻成餡料，盛出放涼，分成 5 等分備用。

製作米粉糰

3. 將糯米粉、在來米粉、15 公克的細砂糖、艾草粉倒入鋼盆中拌勻，加入 10 公克的沙拉油、滾水稍微攪拌，再揉成米粉糰。
4. 將米粉糰分成 5 等分，先取其中 1 份捏成碗狀，包入餡料，整型成葉子形狀。其他 4 份也包好。

蒸熟

5. 在粽葉上刷一層沙拉油（材料量以外），放上做法 **4.**。
6. 等蒸籠水滾，放入做法 **5.** 以中火蒸約 20 分鐘即成。

師傅親授 小訣竅

1. **餡料也可以換成麵腸、豆乾、菜脯碎等。**
2. **艾草乾燥後磨成的粉，就是艾草粉，由於不同的製作方法，會呈現比較鮮綠和略偏咖啡兩種色澤。艾草粉具有微苦的風味、獨特的香氣，用在料理時，最常見的是製作草仔粿。**

蘿蔔糕

加入芋頭和香菇可以增添香氣，
搭配辣椒醬油食用，讓樸實美味更加分！

材料　5人份

材料	份量
白蘿蔔	500 公克
芋頭	350 公克
水	150 公克
泡發乾香菇	10 公克
薑	10 公克
香菜	10 公克
在來米粉	200 公克
玉米粉	25 公克
水	400 公克
蘿蔔糕模	1 個

調味料　5人份

調味料	份量
茶油	30 公克
香油	適量
鹽	適量
細砂糖	適量
白胡椒粉	適量
醬油	50 公克
生辣椒	25 公克

做法

處理食材

1. 白蘿蔔、芋頭削皮後刨粗絲；泡發乾香菇切絲；薑切末；香菜切段後泡水。

製作米粉漿

2. 將在來米粉、玉米粉、150 公克的水倒入鋼盆中拌勻。
3. 鍋燒熱，倒入茶油、香油，放入乾香菇、薑末炒香，續入芋頭炒香，再加入白蘿蔔一起拌炒，以鹽、細砂糖和白胡椒粉調味，倒入 250 公克的水，蓋上鍋蓋，燜煮至食材變軟。
4. 將米粉漿再次拌勻，慢慢倒入做法 3. 中，再加入剩下的水拌勻。

入模、蒸熟

5. 將做法 4. 倒入模型中，以湯匙沾水抹平表面，等蒸籠水滾後放入，以大火蒸約 1 小時～ 1 小時半。
6. 取出蒸好的蘿蔔糕，倒掉表面的水分，置於鐵架上，在室溫下放涼，等蘿蔔糕中心也冷卻了，放入冷藏保存。
7. 將生辣椒切碎，和醬油拌勻成辣椒醬油。
8. 欲食用時，可將蘿蔔糕切片。平底鍋燒熱後倒入適量沙拉油（材料量以外），放入蘿蔔糕煎至上色，再附上辣椒醬油、香菜即可享用。

師傅親授 小訣竅

1. 蘿蔔糕剛蒸好時，在室溫下完全放涼，吸收掉表面水蒸氣後再冷藏、脫模。
2. 也可以使用南瓜、地瓜、芋頭和胡蘿蔔等製作，有不同的風味。另外加入少許五香粉、冬菜來增加香氣，成品也很可口。

PART 3
飯&麵

夜市中除了點心類小吃，
基隆廟口的咖哩飯、路邊攤的古早味高麗菜飯、
筒仔米糕和菜市場裡的米粉湯等，
都能當正餐食用，飽食一頓。
工作忙碌回到家時，
簡單一份飯、麵料理，就讓人滿足。

素肉燥飯

**小小一碗肉燥飯讓人大排長龍，
是大眾喜愛的平價國民美食之一。**

材料　5人份

材料	份量
麵腸	100 公克
杏鮑菇	70 公克
乾香菇	50 公克
中薑	30 公克
新鮮黑木耳	25 公克
新鮮白木耳	30 公克
昆布	10 公克
水	600 公克
熟白飯	500 公克
醃黃蘿蔔	5 片

調味料　5人份

調味料	份量
素蠔油	65 公克
醬油	20 公克
冰糖	15 公克
素豆瓣醬	20 公克
五香粉	3 公克
白胡椒粉	5 公克
香油	35 公克

做法

製作高湯

1. 昆布擦乾淨，放入鍋中，倒入 600 公克的水，以小火熬煮約 40 分鐘，濾出湯汁，即成高湯。

處理食材

2. 乾香菇以水泡軟，擠乾水分；中薑切末。
3. 將香菇、麵腸、杏鮑菇、黑木耳和白木耳都切小丁。

烹調素肉燥

4. 鍋燒熱，倒入少許沙拉油（材料量以外），先放入香菇炒香，再依序加入中薑、麵腸、杏鮑菇、黑木耳和白木耳拌炒至熟。
5. 加入素蠔油、醬油、冰糖、素豆瓣醬、五香粉、白胡椒粉和香油拌炒至冰糖融化，將醬料炒出醬香，倒入高湯，以小火熬煮約 1 小時，即成素肉燥料。

盛盤

6. 將白飯盛入容器中，淋入素肉燥料，放上醃黃蘿蔔片即可享用。

師傅親授 小訣竅

1. 食材中的白木耳可以讓素肉燥料熬出豐富的膠質，口感獨特，吃完還會有黏口感，風味更佳。
2. 一般市售常見的薑有新鮮帶嫩芽的嫩薑、生長期 7 ～ 8 個月常用在料理的中薑（見圖 1），以及生長期 10 個月以上，多用來熬湯、燉肉的老薑（見圖 2）。

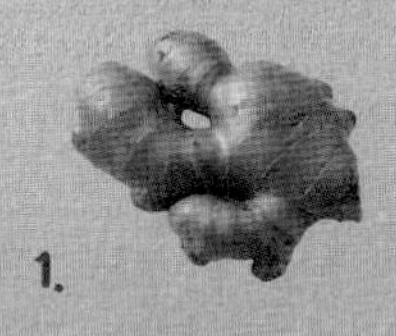
1.

2.

高麗菜飯

簡單的食材烹調出傳統的美味，
搭配辣椒醬油食用，更提升風味層次。

材料 5人份

材料	份量
白米	250 公克
水	250 公克
胡蘿蔔	50 公克
高麗菜	100 公克
乾香菇	50 公克
素火腿	50 公克
麻油	20 公克
芹菜	30 公克
薑	30 公克

調味料 5人份

調味料	份量
醬油	50 公克
鹽	5 公克
細砂糖	5 公克
白胡椒粉	3 公克
味精	5 公克
康寶鮮味炒手	5 公克

做法

處理食材

1. 白米洗淨，瀝乾水分；乾香菇以 250 公克的水泡軟，泡香菇的水留下來，不要倒掉。
2. 薑切末；香菇切絲；胡蘿蔔削皮後切絲；芹菜切末；高麗菜切粗絲；素火腿切絲。

烹調炒料

3. 鍋燒熱，倒入少許沙拉油（材料量以外），依序放入做法 **2.** 的食材爆香，以醬油、鹽、細砂糖、白胡椒粉、味精和鮮味炒手調味，加入白米拌勻。

煮高麗菜飯

4. 將做法 **3.** 倒入電鍋內鍋，倒入泡香菇的水，移入電鍋中，外鍋倒入 2 杯水，按下開關，煮至開關跳起，打開鍋蓋拌勻米飯和食材，再蓋上鍋蓋繼續燜 10 ～ 15 分鐘。
5. 起鍋前，加入麻油即成。

師傅親授 小訣竅

泡乾香菇的香菇水要留下來，連同水一起加入內鍋，煮出來的飯會散發出天然的香菇風味。起鍋前再加入麻油，可以讓高麗菜飯更香。

咖哩飯

以現成的咖哩塊、咖哩醬包烹調固然方便，
但試過師傅獨家咖哩配方，你一定會愛上！

材料　5人份

馬鈴薯（配菜）	150 公克
胡蘿蔔（配菜）	150 公克
綠花椰菜（配菜）	150 公克
熟白飯	500 公克

咖哩醬汁

馬鈴薯	100 公克
蘋果	100 公克
西洋芹	1 公斤
老薑	1 公斤
香茅	500 公克
大辣椒	500 公克
水	2.1 公斤
無糖豆漿	100 公克
椰漿	150 公克
花生油	1 公斤
沙拉油	2 公斤
細辣椒粉	100 公克
素咖哩粉（無五辛）	600 公克
薑黃粉	150 公克
匈牙利紅椒粉	150 公克
花生粉	200 公克
香茅粉	100 公克
白胡椒粉	100 公克
五香粉	50 公克
椰子粉	150 公克

調味料　5人份

蕃茄糊	100 公克
香菇素蠔油	適量
細砂糖	適量
香菇粉	適量
鹽	適量
玉米粉	50 公克
水	150 公克

做法

處理食材

1. 馬鈴薯削皮切塊泡水；蘋果削皮切塊泡鹽水；西洋芹、老薑、香茅、大辣椒洗乾淨切段。將上述材料分別放入調理機中，攪打成小丁碎末，再分別用保鮮盒裝好。
2. 配菜用的馬鈴薯、胡蘿蔔削皮，切塊泡水；綠花椰菜切成小朵後泡水。

製作咖哩膏

3. 將花生油、沙拉油倒入炒鍋中，加熱至 150℃，依序倒入做法 **1.** 中的西洋芹、老薑、香茅、大辣椒，都分別以中小火炸至金黃，撈出瀝乾油分，倒入盤子放涼備用，炸油先留著。
4. 將細辣椒粉、素咖哩粉、薑黃粉、匈牙利紅椒粉、花生粉、香茅粉、白胡椒粉、五香粉和椰子粉倒入鋼盆中，混合均勻。
5. 將做法 **3.** 的炸油再次加熱至 150℃，少量分批舀入做法 **4.** 中混合，放涼。然後將做法 **3.** 的蔬菜丁料倒入拌勻，即成咖哩膏。此配方可以完成 650 公克的咖哩膏。

製作咖哩醬汁

6. 將做法 **1.** 中的馬鈴薯、蘋果、2.1 公斤的水、蕃茄糊、香菇素蠔油、細砂糖、香菇粉、鹽，以及 130 公克的咖哩膏倒入果汁機中攪打成泥，盛入鐵盆或鍋子。
7. 將做法 **6.** 以小火煮滾，倒入無糖豆漿、椰漿和拌勻的玉米粉水（50 公克的粉 +150 公克的水），再次煮滾，即成咖哩醬汁。

盛盤

8. 備一鍋滾水，加入適量鹽（材料量以外）煮滾，放入做法 **2.** 中的馬鈴薯、胡蘿蔔，以小火煮 10 ～ 15 分鐘至軟，撈出瀝乾，最後放入綠花椰菜燙熟，取出瀝乾。
9. 將白飯盛於盤中，放上蔬菜配料，淋上咖哩醬汁即可享用。

師傅親授 小訣竅

咖哩膏的配方，一次可以完成 650 公克的份量，但在製作 5 人份的咖哩飯時，只取出 130 公克的咖哩膏製作咖哩醬汁即可，剩餘的可以放在冷凍保存。

飯糰

從小吃到大的早餐，
搭配豆漿更是無限可口。

材料 5人份

材料	份量
長糯米	200 公克
豆乾	120 公克
素肉鬆	100 公克
油條	60 公克
菜脯	100 公克
花生粉	50 公克
酸菜	150 公克
薑末	10 公克

調味料 5人份

調味料	份量
素蠔油	50 公克
水	10 公克
素香鬆	50 公克

做法

蒸糯米飯

1. 將長糯米泡水靜置約 5 小時，取出瀝乾水分。蒸籠布沾濕後擰乾水分，鋪在蒸籠上，倒入長糯米鋪平，等蒸籠鍋水滾後，放上蒸籠，蓋上鍋蓋，以中火蒸 35 ～ 40 分鐘至熟，打開鍋蓋翻拌一下，保溫備用。

製作餡料、包飯糰

2. 豆乾切小丁；油條切小塊；菜脯泡水 1 小時後切小丁；酸菜泡水 1 小時後切小丁。
3. 鍋燒熱，倒入少許油（材料量以外），加入豆乾、薑末和素蠔油炒香，倒入水，炒到水分收乾，取出。鍋再燒熱，倒入少許油（材料量以外），加入菜脯，以小火炒香，取出。原鍋加入酸菜，以小火炒香，取出。
4. 取適量的熟糯米飯，攤平，放入餡料，排入油條，再撒入素肉鬆、花生粉和素香鬆，將糯米飯整個包起成橢圓形飯糰即成。

師傅親授 小訣竅

糯米中可以加些許紫米一起蒸熟，更養身且增添風味。

海苔飯捲

香Q米飯搭配炒香的鮮蔬食材，
口感爽脆且營養滿分。

材料 5人份

白米	240 公克
杏鮑菇	30 公克
蘆筍	50 公克
胡蘿蔔	50 公克
鴻喜菇	50 公克
中薑	20 公克
海苔（長20X寬20公分）	2 張

調味料 5人份

醬油	20 公克
細砂糖	10 公克
鹽	5 公克
胡椒粉	1 公克
香油	1 公克

做法

煮飯

1. 白米洗淨後倒入電鍋的內鍋，加入 1 杯水，移入電鍋中，外鍋倒入 1 杯水，按下開關，煮至開關跳起。

處理食材

2. 杏鮑菇切片；蘆筍削皮；胡蘿蔔削皮後切條；鴻喜菇切掉根部，剝開洗淨；中薑切末。備一鍋滾水，約八分滿，依序放入胡蘿蔔、蘆筍汆燙熟。

烹調餡料、包飯捲

3. 鍋燒熱，倒入少許沙拉油（材料量以外），先放入中薑爆香，依序加入杏鮑菇、鴻喜菇，以醬油、細砂糖、鹽、胡椒粉和香油調味，拌勻餡料。
4. 取一張海苔，分成 3 等分，每等分約長 20× 寬 6 公分。海苔平鋪，先均勻鋪上一層白飯，再依序擺上胡蘿蔔、蘆筍和做法 **3.** 的餡料，捲成飯捲即成。

師傅親授 小訣竅

菇類食材可以先炸過後再炒，風味更佳。

素油飯

孩子滿月、喜慶、平日皆可享用，
是台灣最常見的米食小吃之一。

材料　5人份

材料	份量
長糯米	300 公克
薑	33 公克
乾香菇	10 公克
豆乾	80 公克
素肉塊	50 公克
胡蘿蔔	50 公克
高麗菜	50 公克
新鮮蓮子	15 顆
芋頭	50 公克
水	600 公克

調味料　5人份

調味料	份量
醬油	30 公克
細砂糖	5 公克
白胡椒粉	5 公克
黑麻油	45 公克

做法

處理食材

1. 乾香菇以水泡軟，切片；薑切末；豆乾、胡蘿蔔切小丁；高麗菜切片；芋頭削皮後切小丁。
2. 素肉塊以水泡約 2 小時至軟，切小丁；長糯米以水泡約 3 小時至軟，撈起瀝乾水分。

烹調飯料

3. 鍋燒熱，倒入少許沙拉油（材料量以外），先放入薑末爆香，續入芋頭、豆乾、香菇炒勻，再加入素肉塊、胡蘿蔔和高麗菜、蓮子炒勻。
4. 加入醬油、黑麻油、白胡椒粉和細砂糖炒勻，備用。

蒸糯米飯、混拌

5. 長糯米洗淨，泡水 3 ～ 5 小時，瀝乾水分後倒入電鍋內鍋，內鍋不用倒入水，外鍋倒入 2 杯水蒸熟。也可以放入蒸鍋，以大火蒸 25 ～ 30 分鐘。
6. 將煮好的糯米飯和飯料混合拌勻即成。

師傅親授 小訣竅

將飯料用木桶蒸熟的話，味道更香。

筒仔米糕

餡料、米飯軟硬口感可依喜好調整，
古早味點心令人念念不忘。

材料　5人份

材料	份量
長糯米	600 公克
水	600 公克
水煮花生	50 公克
乾香菇	30 公克
豆乾	30 公克
杏鮑菇	30 公克
新鮮烤麩	20 公克
鈕釦菇	15 朵
香菜	2 公克

調味料　5人份

調味料	份量
醬油	100 公克
白胡椒粉	10 公克
細砂糖	10 公克

做法

處理食材

1. 長糯米以水泡約 3 小時至軟，瀝乾水分；乾香菇以水泡軟，切丁；烤麩、杏鮑菇切丁；鈕釦菇以水泡軟。
2. 水煮花生洗淨；豆乾切丁；香菜洗淨。

蒸糯米

3. 將長糯米放入炒鍋中，加入 600 公克的水，以中小火將水分炒乾。
4. 蒸籠布沾濕後擰乾水分，鋪在蒸籠上，倒入做法 3. 鋪平，等蒸籠鍋水滾後，放上蒸籠，蓋上鍋蓋，以中火蒸 20 分鐘。

烹調餡料

5. 鍋燒熱，倒入約八分滿的水，依序放入水煮花生、乾香菇、豆乾、杏鮑菇、烤麩和鈕釦菇，以醬油、細砂糖和白胡椒粉調味，熬煮至剩一半的汁液。
6. 將長糯米加入餡料鍋中拌炒均勻。

塑形、蒸熟

7. 在模型杯中抹些許油（材料量以外），每杯都先放入 3 顆鈕釦菇，再將做法 6. 舀入，壓平。
8. 將做法 7. 排入蒸鍋中，等水滾後，以中大火蒸 15 ～ 20 分鐘至熟。
9. 取出，倒扣在盤子，撒些許香菜。食用時，可搭配醬油膏享用。

師傅親授 小訣竅

1. 做法 3. 中，長糯米與水的比例為 1:1，糯米飯的口感才會 Q 彈。
2. 最後以中大火蒸米糕時，喜歡吃口感軟的，可以蒸 20 ～ 30 分鐘；偏愛比較硬口感的可以蒸 15 ～ 20 分鐘。

智慧糕

智慧糕口感軟Q，沾裹花生粉、醬汁，
再搭配香菜，風味完美融合。

材料	5人份
長糯米	300 公克
紫菜	30 公克
糯米粉	50 公克
地瓜粉	50 公克
中筋麵粉	50 公克
水	325 公克
香菜	30 公克
無蒜油炸花生	50 公克
花生粉	150 公克
蘿蔔糕鐵模	1 個

調味料	5人份
花生油	適量
鹽	少許
二砂糖	100 公克
素蠔油	100 公克
熱水	100 公克
白胡椒粉	少許
甘草粉	少許
百草粉	少許

做法

處理食材

1. 長糯米泡水靜置約 3 小時，取出瀝乾水分。
2. 將紫菜、325 公克的水倒入果汁機中攪打成泥。
3. 香菜切小段後泡水。
4. 無蒜油炸花生拍成細碎，與花生粉混合均勻。
5. 將做法 倒入盆中，續入長糯米、過篩的糯米粉、地瓜粉、中筋麵粉，以及鹽， 拌勻成米粉糊。

在模型中刷些許花生油，倒入做法 ，表面以湯匙抹平，然後排入蒸鍋中，等水滾後，以大火蒸 30 ～ 40 分鐘，關火，繼續燜 10 分鐘，取出放涼，即成醬汁，放入冷藏一天。

將二砂糖、素蠔油、熱水、白胡椒粉、甘草粉、百草粉倒入小鍋中，煮滾後放涼，冷藏備用。

取出做法 脫模，切成適當大小，重新加熱，先沾裹醬汁，再沾裹做法 ，最後撒上香菜即可享用。

師傅親授 小訣竅

做法 中要入模時，模型內要先塗抹些許花生油，避免智慧糕沾黏，難以脫模。此外，在第一遍蒸智慧糕（做法 ）時，要特別注意米心是否蒸透。

素粽

餡料豐富、米飯香Q的粽子，
搭配古早味醬汁享用，一吃就愛上。

材料	10人份
長糯米	600 公克
乾粽葉	20 片
新鮮烤麩	100 公克
泡發小香菇	100 公克
老薑	50 公克
麵輪	100 公克
菜脯碎	50 公克
熟花生	100 公克
八角	1 粒
香菜	20 公克
棉繩	1 捆

調味料	10人份
香油	150 公克
醬油	適量
素蠔油	適量
香菇粉	適量
細冰糖	適量
白胡椒粉	適量
五香粉	少許
水	適量
海山醬	200 公克
低筋麵粉	80 公克
黃豆粉	30 公克
花生粉	30 公克
溫水	500 公克
味噌	5 公克
醬油膏	75 公克

師傅親授小訣竅

水煮粽子時，粽子會再膨脹，所以填入糯米時不要填得太滿。而煮粽子時，要隨時確認水量是否足夠，不夠的話要適時補水。

做法

處理食材

1. 長糯米洗淨瀝乾；乾粽葉剪去根部，泡溫水 3 小時；烤麩切小塊；泡發香菇擠掉水分；碎菜脯泡水 20 分鐘，去鹽後瀝乾；麵輪泡熱水，去除油耗味；香菜切段後泡水；薑去皮，洗淨，切末。

炒餡料

2. 鍋燒熱，倒入少許香油，放入烤麩兩面煎香，取出放於鐵鍋中。續入少許香油，放入小香菇炒香，取出放於鐵鍋中。繼續倒入少許香油，放入菜脯碎炒至焦香，且炒至無水分，加入少許白胡椒粉、細冰糖調味，盛入容器。

炒餡料

3. 鍋燒熱，倒入少許香油，放入八角炒香，加入醬油、素蠔油炒香，倒入可以蓋過食材的清水、烤麩、小香菇、麵輪、花生，以及香菇粉、細冰糖、白胡椒粉、五香粉，以小火滷 20 分鐘，撈出瀝乾，滷汁留下備用。
4. 鍋燒熱，倒入香油，放入薑末炒至金黃，加入長糯米、滷汁煮至糯米上色、滷汁收乾，盛出放涼。

包粽子、蒸粽子

5. 粽葉放入滾水汆燙，再刷洗瀝乾。
6. 取 2 片粽葉，尖葉一朝左、[illegible]朝右相疊，將粽葉三分之一處摺成直角，先填入 1.5 大匙的做法 4.，續入適量碎菜脯、滷配料，再填入 2 大匙做法 4.。
7. 用左手拇指與食指將粽子直角處由下往上壓住，另外三分之二粽葉片往上方糯米處蓋上，再對齊往左摺貼著，用棉繩綁緊，包好每一個粽子。
8. 將整串粽子放入大鍋中，倒入冷水，水要淹蓋過粽子約 2 個拳頭高，先以大火煮滾，再蓋上鍋蓋，改小火慢煮 2 小時半～3 小時。

[illegible]

9. 炒鍋擦乾，倒入麵粉乾炒至有香氣，續入黃豆粉、花生粉炒香，倒入溫水、味噌拌勻煮滾，加入海山醬調勻，放涼冷藏，可搭配粽子食用。

香菇芋頭鹹粥

香菇和芋頭的組合風味迷人，
加入多種配料，便成了豪華版古早味鹹粥。

材料　5人份

芋頭	600 公克
豆乾	100 公克
乾香菇	50 公克
胡蘿蔔	30 公克
芹菜	30 公克
薑	20 公克
香菜	2 公克
冷凍熟白飯	1.5 公斤
水	3.5 公斤

調味料　5人份

鹽	12 公克
細砂糖	6 公克
香油	30 公克
醬油	30 公克
白胡椒粉	8 公克

做法

處理食材

1. 芋頭、胡蘿蔔削皮後切小丁；豆乾、高麗菜都切小丁。
2. 乾香菇以水泡軟後切片；芹菜切末（芹菜珠）；薑切末。

烹調炒料

3. 備一鍋炸油，加熱至 180℃，加入一半量的芋頭炸熟，撈出瀝乾油分。
4. 鍋燒熱，倒入少許沙拉油（材料量以外），先放入薑末、香菇炒香，續入所有芋頭、胡蘿蔔、豆乾、高麗菜拌炒，以鹽、細砂糖、香油、醬油和白胡椒粉調味。
5. 倒入 3.5 公斤的水，以小火熬煮約 10 分鐘。

烹調鹹粥

6. 加入冷凍熟白飯，蓋上鍋蓋，以中火熬煮約 20 分鐘，煮的過程中要不時攪拌，以免黏鍋。
6. 盛入湯碗中，撒上香菜、芹菜末即可享用。

師傅親授 小訣竅

使用冷凍過後的熟白飯烹調，可以比較快煮軟，能節省不少烹調時間和成本。

麵線糊

鹿港傳統熱食點心，改用具有特殊香氣的紅麵線，久煮不爛且口感更佳！

材料 5人份

材料	份量
紅麵線	100 公克
中薑	5 公克
香菜	3 公克
太白粉	30 公克
冷水	20 公克

調味料 5人份

白胡椒粉	2 公克
黑醋	5 公克
香油	2 公克

做法

處理食材

1. 將紅麵線放入水中泡約 2 分鐘，撈出瀝乾水分；中薑切末；香菜切段後泡水。

烹調紅麵線

2. 取一個鍋子，放入八分滿的水，依序放入中薑、紅麵線煮滾，用白胡椒粉、黑醋和香油調味。
3. 倒入拌勻的太白粉水勾芡至濃稠。
4. 放上香菜即可享用。

師傅親授 小訣竅

紅麵線久煮不爛、口感佳，風味比較鮮甜，這裡也可以改用玉米、白蘿蔔熬煮成的蔬菜高湯，更能增添風味。

以豆包絲取代麵條，健康又無負擔，
搭配五色五行蔬菜，嚐得到食材的鮮甜味。

材料 5人份

材料	份量
乾香菇	6 公克
生豆包	360 公克
胡蘿蔔	30 公克
青江菜	30 公克
沙拉筍	30 公克
新鮮黑木耳	30 克
玉米	60 公克
中薑	15 公克

調味料 5人份

調味料	份量
鹽	15 公克
香油	9 公克
黑醋	6 公克

做法

處理食材

1. 乾香菇以水泡軟，切絲。
2. 豆包留下 5 片，其他都切絲；胡蘿蔔削皮後切絲；青江菜切絲；沙拉筍切絲；黑木耳切絲；玉米切塊；中薑切絲。

烹調食材

3. 鍋燒熱，倒入少許沙拉油，放入完整沒切的豆包，煎至兩面都呈金黃色，先取出。
4. 原鍋放入中薑爆香，依序放入胡蘿蔔、青江菜、沙拉筍和黑木耳和香菇炒香，倒入水至七分滿，煮滾，加入玉米塊、豆包絲，以鹽、香油和黑醋調味。
5. 盛入湯碗中，擺上 1 片煎豆包即成。

師傅親授 小訣竅

蔬菜料要先炒過後，才會釋出蔬菜的甜味。

素炸醬麵

利用花生油炒香素炸醬，配料炒得微焦，
突顯香氣濃郁，搭上麵條更是絕配。

材料　5人份

材料	份量
豆乾	200 公克
泡發乾香菇	50 公克
海帶捲	50 公克
老薑	50 公克
芹菜	50 公克
乾豆豉	5 公克
杏鮑菇	200 公克
素火腿	50 公克
小黃瓜	100 公克
新鮮黑木耳	100 公克
胡蘿蔔	100 公克
生豆包	1 片
水	500 公克
太白粉	30 公克
冷水	150 公克
拉麵	750 公克

調味料　5人份

調味料	份量
花生油	100 公克
素辣豆瓣醬	100 公克
甜麵醬	50 公克
黑豆瓣醬	50 公克
香菇粉	適量
素蠔油	適量
二砂糖	50 公克
白胡椒粉	少許
甘草粉	少許
五香粉	少許
百草粉	少許

做法

處理食材

1. 豆乾、泡發乾香菇、海帶捲、杏鮑菇、素火腿切丁；老薑、芹菜切末；小黃瓜、黑木耳、胡蘿蔔切絲。
2. 鍋中倒入花生油，先放入豆包煎香，盛起放涼備用。

製作素炸醬

3. 原鍋加入薑末炒香且表面焦黃，倒入豆乾、香菇、乾豆豉、杏鮑菇、素火腿炒香且表面焦黃，再倒入海帶捲拌炒一下。
4. 倒入素豆瓣醬、甜麵醬、黑豆瓣醬炒 1 分鐘，炒出香味，再加入水、香菇粉、素蠔油、二砂糖、白胡椒粉、甘草粉、五香粉和百草粉，以小火熬煮 10 分鐘，續入芹菜、少許太白粉水勾芡，讓醬料有濃郁感即可，放冷藏備用。

煮麵、盛盤

5. 將做法 2. 切絲。
6. 煮一鍋滾水，放入黑木耳、胡蘿蔔汆燙，撈出冰鎮，瀝乾備用。原鍋煮好滾水，放入拉麵煮約 1 分 30 秒，撈出冰鎮，瀝乾備用。
7. 將拉麵盛入碗盤，依序放入小黃瓜、黑木耳、胡蘿蔔、豆包，淋上炸醬即可。

師傅親授 小訣竅

1. 製作素炸醬時，配料一定要炒到微焦，香氣才會足夠。此外，可以用小麥纖肉（見右圖）替代素火腿，更有絞肉的口感。
2. 做法 4. 熬煮醬汁時，不要煮過頭，以免水分揮發過多，使得整鍋醬料只剩油，沒有醬汁。而勾芡是要讓醬汁有濃郁感，使水、配料、油、調味料能充分融合。

素沙茶乾拌麵

白麵條搭配口感豐富的蔬菜配料，
淋上香氣濃郁的素沙茶醬，樸實的美味最誘人。

材料　5人份

乾香菇	6 公克
胡蘿蔔	60 公克
毛豆	40 公克
豆乾	40 公克
豆竹輪	40 公克
白麵條	250 公克

素沙茶醬

黃豆渣	100 公克
薑末	20 公克
熟花生	50 公克
小茴香	20 公克
熟白芝麻	20 公克
沙拉油	175 公克
辣椒粉	10 公克
胡椒粉	5 公克
細砂糖	5 公克
醬油	5 公克
鹽	3 公克

調味料　5人份

素沙茶醬	90 公克
醬油	25 公克
香油	10 公克

做法

處理食材

1. 乾香菇以水泡軟。
2. 乾香菇切丁；胡蘿蔔削皮後切小丁；豆乾切丁；豆竹輪切丁。

製作素沙茶醬

3. 炒鍋擦乾，倒入黃豆渣炒乾。
4. 熟白芝麻、熟花生、小茴香壓碎，備用。
5. 鍋燒熱，倒入少許沙拉油（材料量以外），先放入薑末爆香，續入做法 3.、做法 4.，倒入 175 公克的沙拉油、辣椒粉、胡椒粉、細砂糖、醬油、鹽，炒至深色，即成素沙茶醬。

烹調食材、盛碗

6. 煮一鍋滾水，放入白麵條煮熟，撈出瀝乾水分。
7. 將做法 2.、毛豆倒入剛才煮白麵條的滾水鍋中汆燙至熟，撈出瀝乾水分。
8. 將白麵條放入碗中，放入做法 7. 等配料，最後淋上素沙茶醬、醬油和香油即成。

師傅親授 小訣竅

除了配方中的配料，還可以加入芋頭、花椰菜、高麗菜等自行混搭，變成自己的私房料理。

大滷麵

搭配香濃的滷汁湯、蔬菜料一起享用，
平凡卻實在的平民麵食，經典不衰。

材料　5人份

材料	份量
沙拉筍	150 公克
板豆腐	150 公克
新鮮黑木耳	80 公克
胡蘿蔔	60 公克
杏鮑菇	150 公克
乾香菇	50 公克
水	2 公斤
白麵條	800 公克
香菜	適量

調味料　5人份

調味料	份量
黑醋	20 公克
白醋	10 公克
白胡椒粉	8 公克
醬油	10 公克
香油	10 公克
鹽	30 公克
味精	10 公克
細砂糖	10 公克
太白粉	30 公克
水	150 公克

做法

處理食材

1. 胡蘿蔔削皮後切細絲；沙拉筍、黑木耳、豆腐都切細絲。
2. 乾香菇以水泡軟，切片；杏鮑菇切細絲。
3. 備一鍋滾水，依序放入胡蘿蔔、沙拉筍、黑木耳、豆腐、香菇和杏鮑菇汆燙殺青，以去掉澀味，並且保持色澤和口感。

調製酸辣水

4. 將白醋、黑醋和白胡椒粉倒入容器中，攪拌均勻成酸辣水。

烹調食材、煮麵

5. 將 2 公斤的水倒入鍋中煮滾，放入做法 **3.**，在滾水的狀態下以小火煮 10 分鐘，倒入酸辣水。
6. 另備一鍋滾水，加入水量 1%的鹽（材料量以外），放入白麵條煮約 4 分鐘，撈起瀝乾水分，備用。
7. 在做法 **5.** 中依序加入鹽、細砂糖和味精，倒入調勻的太白粉水，以小火勾芡，再放入煮好的做法 **6.**，最後撒些許香菜，淋入醬油、香油即成。

師傅親授 小訣竅

1. 酸辣水要在最後才加入，這樣酸度才不會被煮掉。
2. 白麵條要用鹽水煮，不僅比較入味，而且口感會更佳。

米粉湯

**粗米粉吸飽了各種食材的風味，
令人一碗接著一碗，讚不絕口！**

材料 5人份

芋頭	400 公克
生豆包	100 公克
乾香菇	50 公克
榨菜	50 公克
高麗菜	100 公克
芹菜	30 公克
薑	20 公克
粗米粉	250 公克
水	1.5 公斤
香菜	適量

調味料 5人份

鹽	10 公克
細砂糖	6 公克
香油	30 公克
醬油	75 公克
白胡椒粉	8 公克

做法

處理食材

1. 芋頭削皮後切小丁；豆包切小丁；榨菜、高麗菜切小丁；乾香菇以水泡軟，切片；芹菜、薑切末。
2. 鍋燒熱，倒入少許沙拉油（材料量以外），先放入薑末、香菇炒香，續入榨菜、芋頭、豆包和高麗菜拌炒，調味。
3. 倒入 1.5 公斤的水，以小火煮 30 分鐘，熬出有蔬菜香甜的高湯。

煮粗米粉

4. 取一些做法 **3.**，將粗米粉泡在其中 10 分鐘，然後全部倒回做法 **3.** 中再煮 2 分鐘，最後撒上芹菜末、香菜即成 。

師傅親授 小訣竅

粗米粉較不易入味，所以先放入熱高湯中浸泡吸味道，再放回一起煮，米粉才不會太軟爛。

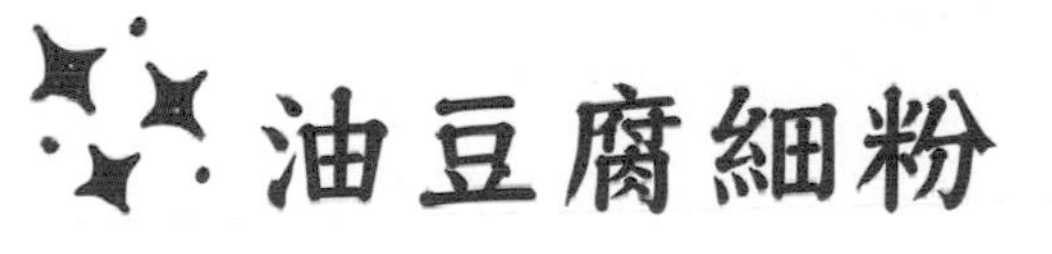

油豆腐細粉

油豆腐與細粉吸飽湯汁，加上蔬食，清爽不油膩。

材料 5人份

材料	份量
油豆腐	400 公克
細冬粉	400 公克
高麗菜乾	100 公克
白蘿蔔	800 公克
當季綠色蔬菜	150 公克
芹菜	50 公克
水	2.5 公斤

調味料 5人份

調味料	份量
醬油	35 公克
鹽	20 公克
細砂糖	10 公克
香油	30 公克
白胡椒粉	3 公克

做法

處理食材

1. 白蘿蔔削皮後切塊；高麗菜乾洗乾，以水泡約 30 分鐘，倒掉水，加入新的水，再泡約 20 分鐘，將高麗菜乾泡開，瀝乾水分。
2. 油豆腐切成三角形；芹菜梗切末，葉片摘下。

煮高湯

3. 將 2.5 公斤的冷水倒入鍋中，放入白蘿蔔、高麗菜乾，以大火煮滾，取出白蘿蔔、高麗菜乾，即成高湯。

烹調冬粉

4. 將醬油、鹽、細砂糖、香油和白胡椒粉加入高湯中調味，續入油豆腐煮約 10 分鐘。
5. 放入細冬粉煮到適當的軟度，最後加入綠色蔬菜、芹菜梗、芹菜葉即成。

素當歸麵線

溫和的當歸風味食補，
冷冷的天氣享用，便是最幸福的美食。

材料　5人份

黑棗	5 粒
紅棗	5 粒
水	4 公斤
老薑	100 公克
玉米	50 公克
杏鮑菇	100 公克
金針菇	100 公克
白麵線	500 公克
香菜	10 公克

中藥包

玉竹	1 錢
桂枝	1 錢
當歸	5 錢
川芎	1 錢
沙蔘	2 錢
黃耆	1 錢
白胡椒	1 錢
桂圓肉	1 錢
黨參	2 錢
枸杞	1 錢

調味料　5人份

花生油	適量
香菇粉	適量
白胡椒粉	適量
鹽	適量
素蠔油	適量
冰糖	適量

做法

處理食材

1. 所有中藥材先泡清水，沖洗瀝乾備用。
2. 黑棗、紅棗、枸杞放入容器中，其他中藥材用棉布袋裝成一包中藥包；老薑切片；玉米、杏鮑菇切塊。

製作湯頭

3. 將花生油倒入鍋中，加入老薑、杏鮑菇炒香且表面焦黃，加入水、中藥包熬煮 50 分鐘。
4. 放入黑棗、紅棗、玉米、枸杞、金針菇繼續熬煮 10 分鐘，用冰糖、香菇粉、鹽、素蠔油和白胡椒粉調味。

煮麵線

5. 備一鍋滾水，放入白麵線汆燙熟，取出放入冷水降溫。
6. 欲食用時，將白麵線加熱一下，瀝乾後倒入湯碗中，加入湯頭，最後用香菜點綴即成。

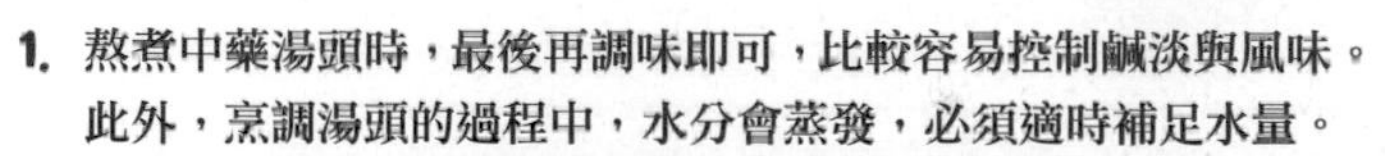

1. 熬煮中藥湯頭時，最後再調味即可，比較容易控制鹹淡與風味。此外，烹調湯頭的過程中，水分會蒸發，必須適時補足水量。
2. 也可去素食材料店購買素當歸豆皮，更添口感與風味。

PART4
湯&鍋

除了一般夜市賣的湯品，
這個單元收錄了可用中藥包製作湯頭，
讓湯品更好吃的美食，
像是素藥燉排骨、素佛跳牆、素麻辣鍋
和素肉骨茶湯、素羊肉羹等。
黃金比例的中藥材搭配，令人讚不絕口。

素麻辣鍋

中藥風味麻辣鍋底的香氣迷人，
搭配一些喜愛的食材，讓人吃得過癮！

材料　5人份

材料	份量
白蘿蔔	300 公克
甘蔗頭	300 公克
泰國辣椒	100 公克
乾辣椒	100 公克
老薑	100 公克
大紅袍花椒	50 公克
青花椒	50 公克
玉米	20 截
素排骨酥	5 塊
素丸	15 顆
高麗菜	500 公克
乾豆皮	50 公克
九層塔	10 公克

中藥包

八角	2 粒
丁香	4 粒
桂皮	4 公克
陳皮	4 公克
白荳蔻	1 公克
香葉	4 公克
大茴香	4 公克
小茴香	4 公克
草果	1 個
桂枝	4 公克
川芎	4 公克
黨參	8 公克
華撥	4 公克
甘草	4 公克
百里香	4 公克
砂仁	4 公克
佩蘭	1 公克
桂子	4 公克
孜然	4 公克
香茅	4 公克
甘松	4 公克
山奈	4 公克
南薑	8 公克

調味料　5人份

調味料	份量
沙拉油	1 公斤
水	5 公斤
素辣豆瓣醬	300 公克
豆豉	100 公克
酒釀	50 公克
素蠔油	100 公克
朝天椒粉	50 公克
花椒粉	30 公克
冰糖	適量
鹽	適量
香菇粉	適量

師傅親授 小訣竅

可利用朝天椒粉與花椒粉，依個人喜好的辣度、麻度斟酌份量。

做法

製作高湯

1. 甘蔗頭拍裂開；白蘿蔔削皮後切對半。將甘蔗頭、白蘿蔔放入鍋中，倒入水以大火煮滾，蓋上鍋蓋，轉小火煮約 1 小時，即成高湯。

處理食材

2. 將泰國辣椒、乾辣椒分別放入做法 1. 高湯中燙軟，瀝乾水分備用。
3. 將做法 2.、老薑分別用調理機攪打碎，分開放好，備用。所有中藥材先泡溫水約 10 分鐘，沖洗瀝乾；大紅袍花椒、青花椒泡清水 5 分鐘後瀝乾。

製作麻辣湯頭

4. 將沙拉油倒入炒鍋中，加熱至 150℃，用小火依序油炸泰國辣椒、老薑、中藥材、乾辣椒、青花椒和大紅袍花椒，炸出香氣。
5. 再依序倒入素辣豆瓣醬、豆豉、酒釀炒香即可，接著倒入高湯，蓋上鍋蓋，以小火熬煮 2 小時後關火，放冷至隔天，過濾撈除中藥材。
6. 加入素蠔油、冰糖、鹽、朝天椒粉、花椒粉和香菇粉調味，即成麻辣湯頭。

加入食材烹調

7. 將麻辣湯頭倒入鍋中，放入玉米、素排骨酥、素丸、高麗菜、乾豆皮煮滾，盛出，最後撒上九層塔即成。

素水煮魚

以豆瓣醬的風味當作主調味，
加入多一點冰糖，可使辣味更突顯且柔和。

材料　5人份

材料	份量
黑陳皮	1 錢
胡荽子（香草籽）	1 錢
八角	1 粒
小茴香	1 錢
乾南薑片	1 錢
乾辣椒段	50 公克
大紅袍花椒	10 公克
青花椒	10 公克
老薑	50 公克
泰國辣椒	50 公克
杏鮑菇	150 公克
乾豆豉	50 公克
鹹菜心	100 公克
水	1.5 公斤
高麗菜	50 公克
袖珍菇	50 公克
素魚	1 份
乾豆皮	50 公克
海帶結	50 公克
香菜	10 公克
芹菜	10 公克

調味料　5人份

調味料	份量
花生油	150 公克
素辣豆瓣醬	150 公克
粗味噌	10 公克
醬油	適量
素蠔油	適量
香菇粉	適量
鹽	適量
冰糖	適量
花椒粉	少許
花椒油	少許

做法

處理食材

1. 將黑陳皮、胡荽子、八角、小茴香、乾南薑片先泡清水，沖洗後瀝乾備用。
2. 乾辣椒段挑除籽，泡溫水 10 分鐘後瀝乾；大紅袍花椒、青花椒另外放入容器；老薑切片；泰國辣椒切對半；杏鮑菇切塊後泡水；鹹菜心切絲；高麗菜、香菜、芹菜切段後泡水。

製作高湯

3. 將水倒入鐵鍋中，加入做法 1. 煮滾，再以小火加鍋蓋熬煮 5 分鐘，即成高湯。

烹調、盛盤

4. 另一炒鍋燒熱，倒入花生油爆炒老薑、鹹菜心炒香且表面焦黃，續入乾辣椒段、乾豆豉、泰國辣椒，轉中小火炒出香氣，再倒入大紅袍花椒、青花椒，轉小火炒出香氣。
5. 倒入素辣豆瓣醬、粗味噌炒出香氣，將高湯倒入，蓋上鍋蓋，以小火熬煮 30 分鐘。
6. 放入高麗菜、袖珍菇、素魚、乾豆皮、海帶結煮 10 分鐘，再以醬油、素蠔油、香菇粉、鹽、冰糖和花椒粉調味。
7. 起鍋盛入盤中，用香菜、芹菜點綴，最後淋上花椒油即成。

師傅親授 小訣竅

1. 熬煮高湯時水分會蒸發，記得熬煮完成時，要補足原有的水量。
2. 乾辣椒泡溫水，可以使熬煮時風味更釋出，並在大量製作時不易炒焦變苦。
3. 這道菜主要是以素辣豆瓣醬風味為主，醬油、素蠔油不宜過多，而冰糖可多一點，能讓辣味更突顯、更柔和。

素麻油雞

以猴頭菇取代雞肉，並保留著湯頭原始風味，
素食者也能在冬天大啖美味湯品。

材料　5人份

材料	份量
枸杞	6 公克
猴頭菇	160 公克
杏鮑菇	90 公克
百頁豆腐	60 公克
金針菇	30 公克
老薑	80 公克
高麗菜	200 公克

調味料　5人份

調味料	份量
麻油	90 公克
香油	20 公克
鹽	15 公克
米酒	30 公克

做法

處理食材

1. 枸杞以水泡軟。
2. 猴頭菇切塊；杏鮑菇切滾刀塊；百頁豆腐切片；金針菇切掉根部後剝絲；老薑切片；高麗菜切片。

烹調食材

3. 鍋燒熱，倒入麻油，依序放入老薑、猴頭菇、杏鮑菇和百頁豆腐。
4. 倒入水蓋過材料，加入金針菇、高麗菜，以香油、鹽和米酒調味，以大火煮 10 分鐘。
5. 最後撒上枸杞即成。

老薑（見左圖）要先用小火煸乾，散發出香氣再去煮。此外，也可以加入自己喜歡的食材一起煮。

素薑母鴨

**仔細的調味讓薑湯風味更有層次，
冬天來一碗暖心又暖胃。**

材料　5人份

材料	份量
老薑	80 公克
薑黃	20 公克
南薑	50 公克
水（薑汁用）	500 公克
老薑（薑汁用）	200 公克
泡發鈕釦菇或乾香菇	100 公克
杏鮑菇	150 公克
水	3.5 公斤
高麗菜	100 公克
素菜丸	50 公克
乾豆皮	50 公克
紅棗	10 粒

中藥包

黨參	1 錢
當歸	1 錢
川芎	1 錢
甘草	1 錢
枸杞	1 錢
陳皮	1 錢
胡荽子（香草籽）	1 錢
八角	1 粒
小茴香	1 錢
乾南薑片	3 錢

調味料　5人份

調味料	份量
黑麻油	50 公克
香油	50 公克
香菇粉	適量
鹽	適量
冰糖	適量
南薑粉	3.5 公克
沙薑粉（三奈粉）	2.5 公克
薑黃粉	1 公克

做法

處理食材

1. 所有中藥材先泡清水，沖洗瀝乾備用。
2. 枸杞、紅棗放入容器中，其他中藥材用棉布袋裝成一包中藥包；老薑、薑黃和南薑切片；泡發鈕釦菇擠乾水分；杏鮑菇切塊後泡水；高麗菜切大片後泡水。

攪打薑汁

3. 將 500 公克的水、200 公克的老薑放入果汁機中攪打，過濾出約 500 公克的汁液，即成薑汁。

烹調食材

4. 將黑麻油、香油倒入鍋中，加入老薑、薑黃和南薑炒香且表面焦黃，續入鈕釦菇炒香，再倒入杏鮑菇、水、中藥包，蓋上鍋蓋，以小火熬煮約 30 分鐘。
5. 放入紅棗、枸杞、高麗菜、素菜丸、乾豆皮繼續熬煮 5 分鐘，倒入 100 公克的薑汁，以香菇粉、鹽、冰糖、南薑粉、沙薑粉、薑黃粉調味即成。

師傅親授 小訣竅

1. **湯汁調味前先加入薑汁，確認適當鹹淡後，再加入南薑粉、沙薑粉、薑黃粉即可。而南薑粉、沙薑粉、薑黃粉的使用量可以調整，目的是讓湯的薑風味有層次感，並且色澤更漂亮。**
2. **熬煮高湯時水分會蒸發，記得熬煮完時，要補足原有的水量。**
3. **剩餘的薑汁過濾出薑末，可用來熬煮湯頭，或是煸炒黑麻油，當成素薑母鴨或素麻油雞湯的油，有效二次利用別浪費。**

四神湯

以四味溫和的藥材為主角的四神湯，是適合一家大小的溫合食補料理。

材料 5人份

材料	份量
淮山	50 公克
茯苓	50 公克
芡實	50 公克
蓮子	50 公克
薑	50 公克
當歸片	5 公克
香菜葉	適量

調味料 5人份

調味料	份量
水	1.8 公斤
鹽	8 公克
細砂糖	2 公克
味精	2 公克
香油	60 公克

做法

處理食材

1. 淮山、茯苓、芡實和蓮子泡水後洗淨，瀝乾水分；薑切片；香菜葉泡水。

烹調四神湯

2. 鍋燒熱，倒入香油，放入薑片煸出香氣，取出。
3. 將淮山、茯苓、芡實、蓮子和薑片、當歸片倒入電鍋的內鍋，倒入 1.8 公斤水，以細砂糖、味精 和香油調味，移入電鍋中。
4. 外鍋倒入 2 杯冷水，按下開關，煮至開關跳起，外鍋再倒入 2 杯熱水，按下開關，再次煮至開關跳起，加入鹽拌勻，撒上香菜即成。

師傅親授 小訣竅

也可以用薏仁代替芡實，或是放入玉米增加湯汁的甜味。此外，鹽要最後再加入，以免食材不容易煮熟。

素佛跳牆

是一道具有多年歷史的名菜，
年節、宴客的料理最佳選擇。

材料　5人份

娃娃菜	100 公克
素獅子頭	100 公克
蓮子	20 公克
紅棗	10 粒
芋頭塊	80 公克
乾香菇	30 公克
杏鮑菇	80 公克
猴頭菇	80 公克
栗子	50 公克
茭白筍	80 公克
生豆皮	50 公克
油豆腐	60 公克
水	1.2 公斤
枸杞	適量
沙拉油	500 公克

調味料　5人份

香油	50 公克
素蠔油	100 公克
醬油	20 公克
細砂糖	20 公克
白胡椒粉	5 公克

做法

處理食材

1. 乾香菇以水泡軟，擠乾水分；杏鮑菇、茭白筍切塊。
2. 備 500 公克的炸油（沙拉油），放入芋頭塊炸至上色，瀝乾。
3. 鍋燒熱，倒入適量沙拉油（材料量以外），放入香菇、杏鮑菇煸香至上色，續入茭白筍、栗子、猴頭菇拌炒至外表微焦。
4. 取一個磁盅，放入娃娃菜鋪底，放入豆皮、油豆腐、蓮子、芋頭、素獅子頭、芋頭、做法 **3.** 和紅棗，把食材塞滿。

製作高湯、烹調素佛跳牆

5. 鍋燒熱，倒入少許香油、素蠔油、醬油炒出醬香，倒入 1.2 公斤的水，再加入細砂糖、白胡椒粉調味，即成高湯。
6. 將高湯倒入做法 **5.** 中，以保鮮膜封口，等蒸鍋中水滾，放入蒸 1 小時，至食材熟透，最後再點綴香菜與枸杞即成。

鼎邊銼

用天然蔬果增加湯頭的鮮甜味，
季節食材營養又健康。

材料 5人份

材料	份量
白米	480 公克
在來米粉	140 公克
地瓜粉	80 公克
水	480 公克
乾香菇	9 公克
乾金針花	9 公克
中薑	20 公克
胡蘿蔔	50 公克
沙拉筍	50 公克
高麗菜	50 公克
芹菜	30 公克
香菜	適量

調味料 5人份

調味料	份量
鹽	30 公克
胡椒粉	20 公克
味精	30 公克

做法

製作米粉漿

1. 將白米、480 公克的水、在來米粉和地瓜粉倒入果汁機中，攪打均勻成米粉漿。

處理食材

2. 乾香菇、乾金針花以水泡軟。
3. 香菇、中薑切絲；胡蘿蔔削皮後切絲；沙拉筍、高麗菜切絲；芹菜切小段；香菜摘取葉子。

煎鼎邊銼

4. 平底鍋稍微加熱，倒入米粉漿鋪滿整個鍋面，以小火慢慢將整個米粉漿煎熟，取出切成適當的長段。

烹調鼎邊銼

5. 鍋燒熱，倒入少許油（材料量以外），依序放入香菇、金針花、中薑、胡蘿蔔、沙拉筍和高麗菜、芹菜炒香，倒入可蓋過材料的水煮滾，再以鹽、胡椒粉和味精調味。
6. 倒入做法 4. 混拌均勻，最後放上香菜葉即成。

師傅親授 小訣竅

1. 做法 4. 煎鼎邊銼時，要用小火慢慢煎，以免黏鍋且焦底。
2. 可以添加芋頭丁燉煮，風味更佳。

素藥燉排骨

夜市中大排長龍的人氣小吃，
以素食材料製作依舊好吃。

材料　5人份

材料	份量
黑棗	10 粒
紅棗	5 粒
枸杞	3 錢
老薑	100 公克
杏鮑菇	100 公克
玉米	100 公克
素排骨酥	15 塊
水	3 公斤
九層塔	10 公克

中藥包

當歸	6 錢
白芍	3 錢
川芎	3 錢
熟地	6 錢
桂枝	3 錢
茯苓	3 錢
黃耆	3 錢
杜仲	3 錢
甘草	3 錢
草果	1 粒
玉竹	3 錢
沙參	3 錢

調味料　5人份

調味料	份量
花生油	50 公克
冰糖	適量
香菇粉	適量
鹽	適量
素蠔油	適量
白胡椒粉	少許

做法

處理食材

1. 所有中藥材先泡清水，沖洗瀝乾備用。
2. 枸杞、黑棗和紅棗放入容器中，其他中藥材用棉布袋裝成一包中藥包；老薑切片；玉米、杏鮑菇切塊。

製作湯頭

3. 將花生油倒入鍋中，加入老薑、杏鮑菇炒香且表面焦黃，加入水、中藥包熬煮 50 分鐘。
4. 放入黑棗、紅棗、枸杞、玉米、素排骨酥繼續熬煮 10 分鐘，用冰糖、香菇粉、鹽、素蠔油和白胡椒粉調味，最後撒上九層塔即成。

師傅親授 小訣竅

1. 製作藥燉排骨湯時，可以加些素排骨料、紫菜糕等食材，料更豐富。
2. 熬煮湯時水分會蒸發，記得熬煮完時，要補足原有的水量。

素排骨酥湯

用猴頭菇取代排骨，搭配新鮮蔬菜料，
食材炸過後香氣更濃郁且口感酥脆。

材料　5人份

材料	份量
猴頭菇	200 公克
高麗菜	80 公克
新鮮黑木耳	40 公克
白蘿蔔	40 公克
胡蘿蔔	40 公克
芹菜	10 公克
豆芽菜	50 公克
地瓜粉	150 公克

素沙茶醬

材料	份量
黃豆渣	100 公克
薑末	20 公克
熟花生	50 公克
小茴香	20 公克
熟白芝麻	20 公克
沙拉油	175 公克
辣椒粉	10 公克
胡椒粉	5 公克
細砂糖	5 公克
醬油	5 公克
鹽	3 公克

調味料　5人份

調味料	份量
素沙茶醬	75 公克
醬油	30 公克
細砂糖	30 公克
鹽	30 公克
五香粉	5 公克

做法

處理食材

1. 猴頭菇切塊；高麗菜切片；新鮮黑木耳切片；白蘿蔔、胡蘿蔔削皮後切片；豆芽菜汆燙熟後瀝乾水分；芹菜切碎。

製作素沙茶醬

2. 素沙茶醬做法參照 p.89。

炸猴頭菇

3. 將猴頭菇放入容器中，倒入 75 公克的素沙茶醬、醬油、細砂糖、鹽和五香粉抓勻，再均勻沾裹地瓜粉。
4. 備一鍋炸油（材料量以外），加熱至 160℃，放入做法 3. 炸熟，取出瀝乾油分。

製作湯料、盛碗

5. 炒鍋燒熱，倒入少許沙拉油（材料量以外），依序放入高麗菜、黑木耳、白蘿蔔和胡蘿蔔炒香。
6. 倒入水至八分滿煮滾，加入適量鹽、胡椒粉調味，即成湯料。
7. 將做法 4. 加入湯料中，繼續煮約 5 分鐘。
8. 盛入湯碗中，放上豆芽菜，撒入芹菜碎即成。

師傅親授 小訣竅

製作湯料時，一定要先將蔬菜料都炒香，放入湯頭中煮才會釋出自然甜味。

酸辣湯

微辣的酸辣水是這道湯品的靈魂，依喜好調味，烹調私房家常湯。

材料　5人份

材料	份量
沙拉筍	150 公克
豆乾	150 公克
新鮮黑木耳	80 公克
胡蘿蔔	60 公克
杏鮑菇	150 公克
乾香菇	50 公克
水	2 公斤
芹菜	適量
香菜	適量

調味料　5人份

調味料	份量
烏醋	40 公克
白醋	30 公克
白胡椒粉	15 公克
醬油	10 公克
香油	10 公克
鹽	30 公克
味精	10 公克
細砂糖	10 公克

做法

處理食材

1. 胡蘿蔔削皮後切細絲；沙拉筍、黑木耳切細絲；豆乾切片；乾香菇泡軟後切細絲；杏鮑菇切細絲：芹菜切碎。
2. 備一鍋滾水，依序放入胡蘿蔔、沙拉筍、黑木耳、豆乾、香菇和杏鮑菇汆燙殺青。
3. 將白醋、黑醋和白胡椒粉倒入容器中，攪拌均勻成酸辣水。

煮酸辣湯

4. 將 2 公斤的水煮滾，放入做法 2.，在滾水的狀態下以小火煮 10 分鐘，倒入酸辣水，調味，倒入調勻的太白粉水勾芡，最後撒些許芹菜碎、香菜即成。

師傅親授 小訣竅

酸辣水要在最後才加入，這樣酸度才不會被煮掉。

素牛肉湯

選用天然風味的食材製作，
配上濃郁的紅燒湯汁，宴客、自家享用都適合。

材料　5人份

材料	份量
素牛肉	300 公克
白蘿蔔	60 公克
胡蘿蔔	60 公克
小白菜	30 公克
紅蕃茄	80 公克
玉米塊	5 截
中薑	10 公克
八角	1 公克
花椒粒	2 公克

調味料　5人份

調味料	份量
素辣豆瓣醬	30 公克
醬油	200 公克
鹽	20 公克

做法

處理食材

1. 胡蘿蔔、白蘿蔔削皮後切滾刀塊；小白菜切段；紅蕃茄、玉米切塊；中薑切片。

煮湯料

2. 鍋燒熱，倒入少許沙拉油（材料量以外），先放入花椒粒、中薑炒香，撈出備用。
3. 原鍋依序加入素牛肉、白蘿蔔、胡蘿蔔、小白菜和紅蕃茄、調味料。
4. 倒入水，蓋過食材，加入八角，以大火燉煮約 40 分鐘即成。

師傅親授 小訣竅

素辣豆瓣醬和醬油本身已有鹹度，加入鹽時可以慢慢加，一邊試味道再加入。

素肉骨茶湯

濃厚的中藥香氣，搭配玉米、牛蒡等食材，
在家就能品嚐南洋風風味料理。

材料　5人份

材料	份量
黑棗	5 粒
水	3.5 公斤
老薑	50 公克
甘蔗	300 公克
杏鮑菇	100 公克
玉米	100 公克
牛蒡	80 公克
香菜	30 公克
小麥纖肉	10 片
素丸	10 粒

中藥包

玉竹	1 錢
桂枝	1 錢
熟地	1 錢
當歸	1 錢
川芎	1 錢
沙蔘	1 錢
甘草	1 錢
小茴香	1 錢
丁香	1 錢
黃耆	1 錢
蔘鬚	1 錢
陳皮	1 錢
壓碎的白胡椒	1 錢
桂皮	1 錢
八角	1 錢
桂圓肉	1 錢

調味料　5人份

調味料	份量
花生油	適量
香菇粉	適量
鹽	適量
素蠔油	適量
冰糖	適量
現磨白胡椒粉	適量

做法

處理食材

1. 所有中藥材先泡清水，沖洗瀝乾備用。
2. 黑棗放入容器中，其他中藥材用棉布袋裝成一包中藥包。
3. 老薑切片；甘蔗、杏鮑菇、玉米和牛蒡都切塊，泡水。

製作湯頭

3. 將適量花生油倒入鍋中，加入老薑、甘蔗、杏鮑菇炒香且表面焦黃，加入水、中藥包和牛蒡熬煮 50 分鐘。
4. 放入黑棗、玉米、牛蒡、小麥纖肉和素丸繼續熬煮 10 分鐘，用冰糖、香菇粉、鹽、素蠔油和白胡椒粉調味即成。

師傅親授 小訣竅

1. **甘蔗塊要炒到有焦黃顏色，湯頭才會有香氣。**
2. **湯頭調味好要確認鹹度，如果覺得顏色太淡，可倒入一點老抽，讓湯頭呈現琥珀色。**

素肉羹

香滑的湯配上全蔬食素肉羹，
將經典湯品變成素食美味。

材料　5人份

材料	份量
麵腸	120 公克
胡蘿蔔	15 公克
沙拉筍	15 公克
新鮮黑木耳	10 公克
香菜	5 公克
地瓜粉	80 公克
太白粉	30 公克
水	20 公克

醃漬調味料

材料	份量
醬油	30 公克
胡椒粉	2 公克
五香粉	1 公克
鹽	3 公克

調味料　5人份

材料	份量
醬油	60 公克
胡椒粉	10 公克
細砂糖	10 公克
鹽	15 公克

做法

處理食材

1. 麵腸切條；胡蘿蔔削皮後切絲；沙拉筍切絲；黑木耳切絲；香菜切小段。

製作素肉羹

2. 將醬油、胡椒粉、五香粉和鹽倒入容器中拌勻，放入麵腸抓勻，再均勻沾裹地瓜粉。
3. 湯鍋中倒入八分滿的水煮滾，放入做法 **2.** 汆燙熟，撈出瀝乾水分，即成素肉羹。

烹調素肉羹湯

4. 鍋燒熱，倒入少許沙拉油（材料量以外），依序放入胡蘿蔔、沙拉筍和黑木耳炒香，倒入 1250 公克的水、調味料煮滾，倒入調勻的太白粉水勾芡。
5. 放入素肉羹拌勻，最後撒上香菜即成。

師傅親授 小訣竅

添加黑醋或紅醋一起享用，香氣更佳，更可口。

溫和的中藥湯補，
一年四季都能享用。

材料　5人份

材料	份量
當歸	1 錢
黑棗	5 粒
紅棗	5 粒
枸杞	1 錢
水	3.5 公斤
老薑	50 公克
杏鮑菇	100 公克
牛蒡	100 公克
素羊肉	100 公克
九層塔	10 公克
芹菜	10 公克

中藥包

中藥包	份量
黨參	1 錢
川芎	1 錢
沙蔘	1 錢
甘草	1 錢
小茴香	1 錢
陳皮	1 錢
壓碎的白胡椒	1 錢
桂皮	1 錢
南薑片	3 錢
香茅	0.5 錢

調味料　5人份

調味料	份量
黑麻油	50 公克
花生油	50 公克
香菇粉	適量
鹽	適量
素蠔油	適量
冰糖	適量
白胡椒粉	0.5 公克
南薑粉	5 公克
香茅粉	1 公克

做法

處理食材

1. 所有中藥材先泡清水，沖洗瀝乾備用。
2. 當歸、紅棗、黑棗、枸杞放入容器中，其他中藥材用棉布袋裝成一包中藥包；老薑切片；杏鮑菇、牛蒡切塊後泡水；素羊肉切塊；芹菜切段後泡水。

製作湯頭

3. 將黑麻油、花生油倒入鍋中，加入老薑、杏鮑菇炒香且表面焦黃，續入素羊肉炒出香氣，加入水、中藥包、牛蒡熬煮 50 分鐘。
4. 放入當歸、黑棗、紅棗、枸杞繼續熬煮 10 分鐘，用香菇粉、鹽、素蠔油、冰糖、白胡椒粉、南薑粉、香茅粉調味，最後用芹菜、九層塔點綴即成。

師傅親授 小訣竅

1. 做法 4. 熬煮湯頭時，最後再調味，湯的風味較易調整，以免太鹹。
2. 老薑、杏鮑菇必須炒到有焦黃顏色，熬煮好的湯頭香氣、色澤才會漂亮。
3. 熬煮高湯時水分會蒸發，記得熬煮完時，要補足原有的水量。

附錄 1　學會簡單的成本計算

如果想自己做個小生意，不管是在實際店面、小攤營業，或網路販售，都必須先知道販售的產品（料理）的成本、售價和毛利。這裡以個人經驗，教讀者們簡單的「食材原物料成本」計算，除了主食材，像配料、調味料等，也都可以計算出來再加總，就能算出這道料理的食材成本。

計算食材原物料成本

例如一顆高麗菜廠商送來時已經剝除外層老葉，重量是 1500 公克，然後自行切除高麗菜心頭後，剩 1050 公克，按照耗損率計算公式可以算出其耗損率。

食材耗損率計算公式

耗損重量 ÷ 原物料重量＝耗損率

450 公克 ÷1500 公克＝ 0.3（30%）

例如乾木耳、乾香菇等乾貨原料，必須泡發後才能使用，實際上使用率就是漲發率。如果 1 台斤的乾貨材料經泡水漲發後會變成 4 倍重量，那它的漲發率就是 400%，一般乾黑木耳漲發率約 500%，乾香菇約 400%。

乾貨漲發率計算公式

原物料價格 ÷ 食材漲發率＝食材每份重量的價格

乾香菇 1 斤 750 元 ÷400%＝ 187.5 元

生食材經過烹調後再使用，即熟製品的使用率。例如將一顆 1500 公克的高麗菜烹調成清炒高麗菜，出品率為 900 公克。

熟食材出品率計算公式

（熟製後食材重量 ÷ 生食材重量）× 百分比＝使用率

（900 公克的清炒高麗菜 ÷ 1500 公克的生高麗菜）×100%＝ 60%

例如使用 10 公克（0.01 公斤）的薑，先算好每公斤薑的價格，即可輕鬆算出 10 公克薑的價格。其他如調味料等，也都可以用這種方式計算。

食材成本計算公式

食材價格／公斤 × 使用重量＝成本

薑 1 公斤 75 元 × 0.01（10 公克）＝ 0.75 元

素肉圓材料成本計算

以下用p.15的素肉圓為例，計算出外皮、內餡、醬汁等的成本，但因物價飆漲，且食材販售廠商不同，以下商品價格、份量僅供參考。

內餡（品項）	材料名稱	規格／重量	進貨單價	1pc 成本	販售單位 公克／1份	成本	售價	百分比
1	老薑	1公斤	75元		10公克	0.75元		
2	芹菜	1公斤（耗損率10%）	60元		10公克	0.6元		
3	豆乾	1公斤	50元		50公克	2.5元		
4	泡發乾香菇（小朵泡發率為3.8倍）	0.6公斤 泡完水2.28公斤	750元		50公克	16.4元		
5	海帶捲	1公斤	65元		50公克	3.25元		
6	脆筍片（泡發率約5倍）	1公斤 泡完水5公斤	125元		100公克	2.5元		
7	小麥纖肉	0.6公斤	95元		100公克	15.83元		
8	杏鮑菇	1公斤	60元		50公克	3元		
9	金針菇	1公斤	65元		50公克	3.25元		
10	低筋麵粉	1公斤	25元		30公克	0.75元		
11	香油	3公升／1桶	200元		40公克	2.6元		
12	白胡椒粉	1斤／1盒	90元		1公克	0.15元		
13	五香粉	1斤／1盒	190元		1公克	0.3元		
14	素蠔油	6公升／1桶	290元		10公克	0.4元		
15	醬油	6公升／1桶	200元		10公克	0.3元		
16	鹽	1公斤／1包	20元		1公克	0.02元		
17	二砂糖	1公斤／1包	20元		1公克	0.02元		
18	香菇粉	1公斤／1盒	175元		1公克	0.175元		
					總565公克，扣除耗損約剩550公克	**52.795元**		
	炒好的內餡	550公克	52.795元		550公克製作10份內餡	5.2元	50元	10%

外皮（品項）	材料名稱	規格／重量	進貨單價	1pc 成本	販售單位 公克／1份	成本	售價	百分比
1	地瓜粉	0.5公斤	45元		130公克	11.7元		
2	在來米粉	1公斤	20元		100公克	2元		
3	冷水	1000公斤	12元／1度		150公克	0.1元		
4	滾水	1000公斤	12元／1度		450公克	0.1元		
					總重830公克 扣除耗損 約剩800公克	**13.9元**		
	外皮	800公克	13.9元		80公克 外皮10份	1.39元	50元	2.7%

醬汁（品項）	材料名稱	規格／重量	進貨單價	1pc 成本	販售單位公克／1份	成本	售價	百分比
1	素辣豆瓣醬	2.8 公斤／1 桶	110 元		10 公克	0.4 元		
2	蕃茄醬	3.3 公斤／1 桶	180 元		50 公克	2.7 元		
3	甜辣醬	5.8 公斤／1 桶	240 元		50 公克	2.1 元		
4	海山醬	3.4 公斤／1 桶	130 元		50 公克	2 元		
5	豆腐乳	0.9 公斤／1 罐	120 元		30 公克	4 元		
6	味噌	3 公斤／1 盒	150 元		15 公克	0.75 元		
7	糯米粉	0.5 公斤／1 包	45 元		15 公克	1.35 元		
8	水	1000 公斤	12 元／1 度		150 公克	0.1 元		
						13.4 元		
	醬汁	370 公克	13.4 元		370 公克醬汁可做 9.25 份	1.34 元	50 元	2.6%

整顆素肉圓成本	材料名稱	規格／重量	進貨單價	1pc 成本	販售單位公克／1份	成本	售價	百分比
1	醬汁	370 公克	13.4 元	1 份 40 公克醬汁可做 9.25 份	40 公克	1.34 元		
2	香菜	1 公斤（耗損率 5%）	110 元	1 份肉圓約 5 公克	5 公克	0.5 元		
3	外皮	800 公克	13.9 元	1 份外皮 80 公克可做 10 份	1 份外皮 80 公克	1.39 元		
4	內餡	550 公克	52.795 元	550 公克可做 10 份	1 份內餡 55 公克	5.2 元		
5	免洗筷	1 包 100 個 /40 包	760 元		1 雙	0.19 元		
6	免洗碗	1 箱 1000 個	1130 元		1 個	1.13 元		
7	免洗蓋	1 箱 1000 個	430 元		1 個	0.43 元		
8	半斤手提塑膠袋	1 包 51 個	16 元		1 個	0.3 元		
						10.48 元	50 元	21%

由上方各項成本的計算，可知素肉圓的材料成本是每顆 10.48 元，如果一顆素肉圓售價為 50 元，則材料成本佔了售價的 21%。一般建議料理消耗或使用的材料費用，應控制在 25 ～ 30%為佳。此外，讀者們還必須考慮人事、設備、經營成本等，才能訂出適合的售價。水費則因使用狀況不同，上方為參考價格。

附錄 2　50 人份材料份量

素蚵仔煎（參照 p.11）

材料	50 人份
鴻喜菇	1 公斤
美白菇	1 公斤
杏鮑菇	1 公斤
豆芽菜	800 公克
小白菜	1 公斤
太白粉	2 公斤
地瓜粉	3 公斤
海苔絲	300 公克
水（粉漿用）	5.5 公斤
調味料	
蕃茄醬	2 公斤
黑醋	200 公克
冰糖	600 公克
味噌	100 公克
鹽	30 公克
水（醬汁用）	3 公斤

阿給（參照 p.13）

材料	50 人份
乾香菇	300 公克
冬粉	300 公克
新豬肉	1 公斤
油豆腐	50 塊
沙拉筍	200 公克
中薑	50 公克
香菜	80 公克
胡蘿蔔	200 公克
甜豆	200 公克
太白粉	300 公克
水	300 公克
調味料	
鹽	100 公克
砂糖	50 公克
胡椒粉	20 公克
香油	20 公克
香菇素蠔油	800 公克

素肉圓（參照 p.15）

材料	50 人份
老薑	100 公克
芹菜	100 公克
豆乾	500 公克
泡發乾香菇	500 公克
海帶捲	500 公克
脆筍片	1 公斤
小麥纖肉	1 公斤
杏鮑菇	500 公克
金針菇	500 公克
低筋麵粉	300 公克
樹薯粉	1 公斤
在來米粉	1.3 公斤
冷水	1.5 公斤
滾水	4.5 公斤
香菜	100 公克
調味料	
香油	250 公克
白胡椒粉	10 公克
五香粉	10 公克
素蠔油	100 公克
醬油	100 公克
鹽	10 公克
二砂糖	10 公克
香菇粉	10 公克
素辣豆瓣醬	100 公克
蕃茄醬	500 公克
甜辣醬	500 公克
海山醬	500 公克
豆腐乳	300 公克
味噌	150 公克
糯米粉	150 公克
水	1.5 公斤

河粉煎（參照 p.17）

材料	50 人份
在來米粉	2 公斤
地瓜粉	600 公克
水	10.5 公斤
泡發乾香菇	300 公克
小麥纖肉	300 公克
胡蘿蔔	300 公克
高麗菜	300 公克
芹菜	適量
香菜	適量
辣椒	適量
鹽	30 公克
細砂糖	30 公克
調味料	
花生油	200 公克
鹽	30 公克
細砂糖	30 公克
香菇粉	適量
白胡椒粉	適量
五香粉	適量
醬油膏	適量

酥炸臭豆腐（參照 p.19）

材料　50 人份

臭豆腐	100 塊
花生油	500 公克
老薑	
大辣椒	500 公克
芹菜	500 公克
無蒜油炸花生	250 公克
香菜	125 公克
九層塔	125 公克
水	1 公斤

調味料

粗辣椒粉	250 公克
素蠔油	500 公克
鹽	適量
二砂糖	400 公克
香菇粉	100 公克
黑醋	250 公克

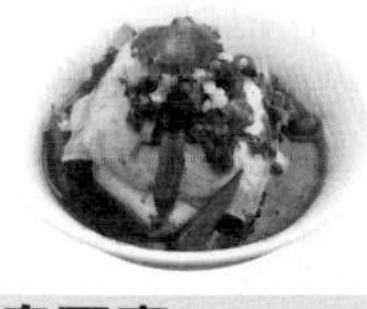

麻辣臭豆腐（參照 p.21）

材料　50 人份

臭豆腐	100 塊
花生油	500 公克
老薑	500 公克
大辣椒	500 公克
芹菜	500 公克
客家鹹菜（福菜）	250 公克
泡發乾香菇	300 公克
乾豆豉	150 公克
大紅袍花椒	100 公克
青花椒	100 公克
乾辣椒段	150 公克
樹子	300 公克
昆布	300 公克
水	5 公斤
香菜	125 公克
九層塔	125 公克

調味料

素辣豆瓣醬	750 公克
素蠔油	500 公克
鹽	適量
二砂糖	400 公克
香菇粉	100 公克

清蒸臭豆腐（參照 p.23）

材料　50 人份

臭豆腐	100 塊
花生油	500 公克
老薑	500 公克
大辣椒	500 公克
芹菜	500 公克
泡發小麥纖肉	500 公克
榨菜絲	250 公克
乾豆豉	250 公克
菜脯碎	250 公克
水	6 公斤
九層塔	125 公克

調味料

素辣椒醬	750 公克
素蠔油	500 公克
鹽	適量
二砂糖	400 公克
香菇粉	100 公克

碳烤杏鮑菇（參照 p.24）

材料　50 人份

杏鮑菇	5 公斤
香茅乾	10 公克
肉桂條	10 公克
月桂葉	10 片
檸檬葉	10 片
南薑乾	10 公克
檸檬	10 個

調味料

米酒	4.5 公斤
醬油	3 公斤
麥芽糖	1.1 公斤
冰糖	1.5 公斤
二砂糖	1.5 公斤
胡椒鹽	適量

素鹹酥雞（參照 p.25）

材料　50 人份

杏鮑菇	2 公斤
中薑	400 公克
九層塔	100 公克
地瓜粉	2 公斤

調味料

鹽	40 公克
醬油	100 公克
味精	20 公克
五香粉	20 公克

棺材板（參照 p.27）

材料　50 人份

洋菇	900 公克
新鮮香菇	600 公克
胡蘿蔔	600 公克
甜豆仁	600 公克
玉米粒	600 公克
椰奶	900 公克
市售素高湯	1.5 公斤
厚片吐司	50 片
太白粉	500 公克
水	600 公克

調味料

鹽	300 公克
胡椒粉	100 公克

營養三明治（參照 p.29）

材料　50 人份

吐司	150 片
洋菇	800 公克
杏鮑菇	2 公斤
胡蘿蔔	2 公斤
綠櫛瓜	2 公斤
黃櫛瓜	2 公斤
聖女小蕃茄	400 公克

酥炸麵糊

吉士粉	400 公克
中筋麵粉	600 公克
太白粉	600 公克
水	3 公斤

調味料

鹽	50 公克
黑胡椒粒	50 公克
巴薩米克醋	100 公克
義大利香料粉	20 公克

素蚵嗲（參照 p.31）

材料　50 人份

高麗菜	1.5 公斤
泡發乾香菇	500 公克
海帶捲	500 公克
老薑	300 公克
芹菜	1 公斤
杏鮑菇	500 公克
胡蘿蔔	500 公克
乾紫菜	300 公克
罐頭草菇	1 公斤
中筋麵粉	1 公斤
在來米粉	500 公克
糯米粉	500 公克
黃豆粉	500 公克
過濾水	4 公斤
發粉	50 公克
芥花油（加入粉漿用）	500 公克
香菜	250 公克

調味料

芥花油	適量
花生油	500 公克
香菇粉	500 公克
鹽	適量
二砂糖	適量
白胡椒粉	適量
五香粉	適量
三奈粉（沙薑粉）	1 公克
素蠔油	300 公克
甜辣醬	600 公克
熱水	1 公斤

素滷味（參照 p.33）

材料　50 人份

老薑	500 公克
乾豆豉	500 公克
水	50 公斤
杏鮑菇	1 公斤
白蘿蔔	1 公斤
綠花椰菜	800 公克
紫菜糕	1 公斤
高麗菜	500 公克
玉米筍	500 公克
袖珍菇	500 公克
乾豆皮	500 公克
金針菇	1 公斤
海帶捲	50 捲
素丸	100 粒

十八香香料

大紅袍花椒	5 兩
八角	3 兩
山奈	2 兩
白芷	2 兩
南薑	2 兩
草果	5 粒
肉荳蔻	1 兩
小茴香	1 兩
砂仁	1 兩
木香	1 兩
肉桂皮	1 兩
乾薑	1 兩

丁香	1 兩
黑陳皮	1 兩
胡荽籽	1 兩
香茅	2 兩
白胡椒粒	1 兩
香葉	1 兩

調味料

芥花油	1.5 公斤
黑豆瓣	1.5 公斤
芝麻醬或胡麻醬	500 公克
醬油	適量
素蠔油	1 公斤
香菇粉	適量
鹽	適量
冰糖	適量

素龍鳳腿（參照 p.35）

材料　50 人份

泡發小麥纖肉	1.5 公斤
板豆腐	1.5 公斤
高麗菜	1 公斤
海帶捲	300 公克
泡發乾香菇	300 公克
老薑	300 公克
芹菜	300 公克
牛蒡	300 公克
杏鮑菇	300 公克
胡蘿蔔	100 公克
礦泉水	1 公斤
太白粉	300 公克
高筋麵粉	800 公克
在來米粉	400 公克
低筋麵粉	100 公克
自來水	適量
裁好三角豆腐皮	100 張
竹籤	100 支

調味料

芥花油	1 公斤
花生油	500 公克
香油	500 公克
香菇粉	適量
鹽	適量
二砂糖	適量
純白胡椒粉	5 公克
素蠔油	100 公克

沾醬

素蠔油	100 公克
素辣豆瓣醬	500 公克
水	1 公斤
二砂糖	250 公克

塔香抓餅（參照 p.37）

材料　50 人份

中筋麵粉	3 公斤
滾水	1.5 公斤
九層塔	400 公克
辣椒	100 公克
中薑	20 公克

調味料

鹽	30 公克
胡椒粉	50 公克
味精	30 公克

麻糬（參照 p.38）

材料　50 人份

糯米粉	500 公克
沙拉油	150 公克
細砂糖	150 公克
水	200 公克
市售紅豆餡	500 公克

調味料

抹茶粉	500 公克
芝麻粉	200 公克
糖粉	100 公克

麵粉煎（參照 p.39）

材料　50 人份

卡士達粉	200 公克
細砂糖	200 公克
低筋麵粉	1.5 公斤
泡打粉	50 公克
麥芽糖	200 公克
水	750 公克
白芝麻	100 公克
黑芝麻	100 公克

調味料

紅糖	200 公克

地瓜圓（參照 p.41）

材料　50 人份

地瓜	1.5 公斤
地瓜粉	2 公斤

調味料

二砂糖	500 公克
黑糖	800 公克

割包（參照 p.45）

材料　50 人份

牛奶	400 公克
水	1.3 公斤
速溶酵母	30 公克
粉心麵粉 a	1.6 公斤
粉心麵粉 b	1.2 公斤
沙拉油	80 公克
細砂糖	200 公克
酸菜	1 公斤
香菜	100 公克
麵腸	2 公斤
八角	20 公克
乾躁迷迭香	10 公克
水	12 公斤
花生粉	1 公斤
細糖粉	300 公克
沙拉油	適量

調味料

醬油	800 公克
素蠔油	400 公克
二砂糖	200 公克

水煎包（參照 p.47）

材料　50 人份

中筋麵粉	2 公斤
水	1.25 公斤
速溶酵母	50 公克
中薑	30 公克
高麗菜	1.2 公斤
胡蘿蔔	100 公克
新鮮香菇	70 公克
沙拉筍	100 公克

調味料

鹽	20 公克
胡椒粉	20 公克
味精	10 公克

小籠包（參照 p.49）

材料　50 人份

中筋麵粉	3 公斤
水	1.8 公斤
速溶酵母	100 公克
中薑	200 公克
新鮮香菇	1.8 公斤
胡蘿蔔	500 公克
碧玉筍	300 公克
西洋芹	200 公克
嫩薑	300 公克

調味料

鹽	100 公克
胡椒粉	80 公克
味精	80 公克
醬油	400 公克

素菜包（參照 p.51）

材料　50 人份

粉心麵粉	1050 公克
速溶酵母	10 公克
泡打粉	20 公克
細砂糖	20 公克
溫開水	400 公克
高麗菜	400 公克
乾香菇	70 公克
胡蘿蔔	200 公克
雪裡紅	200 公克
豆乾	100 公克
薑末	30 公克

調味料

鹽	100 公克
素蠔油	30 公克
香油	50 公克
白胡椒粉	20 公克
細砂糖	30 公克

水餃（參照 p.53）

材料　50 人份

中筋麵粉	4 公斤
冷水	2.2 公斤
沙拉油	300 公克
鹽	50 公克
高麗菜	2.5 公斤
新鮮香菇	1 公斤
冬粉	500 公克
豆包	300 公克

豆乾	600 公克
薑末	200 公克

調味料

香油	150 公克
醬油	100 公克
細砂糖	100 公克
鹽	100 公克
胡椒粉	50 公克

鍋貼（參照 p.55）

材料　50 人份

中筋麵粉	4 公斤
水	2 公斤
沙拉油	300 公克
鹽	30 公克
高麗菜	2.5 公斤
新鮮香菇	1 公斤
竹筍	500 公克
芹菜	300 公克
嫩豆腐	600 公克
薑末	200 公克
麵粉	50 公克
水	3 公斤

調味料

香油	150 公克
醬油	100 公克
細砂糖	100 公克
鹽	100 公克
胡椒粉	50 公克

紅油抄手（參照 p.57）

材料　50 人份

粉心麵粉	1.35 公斤
水	270 公克
中薑	100 公克
新鮮香菇	300 公克
胡蘿蔔	200 公克
碧玉筍	200 公克
西洋芹	100 公克
豆芽菜	200 公克
香菜	20 公克
福山萵苣（大陸妹）	600 公克

調味料

鹽	30 公克
胡椒粉	50 公克
味精	30 公克
辣椒油	100 公克
白醋	20 公克

碗粿（參照 p.59）

材料　50 人份

豆乾	500 公克
泡發乾香菇	500 公克
素肉	500 公克
老薑	250 公克
芹菜	250 公克
菜脯碎	500 公克
香菜	50 公克
在來米粉	1.25 公斤
太白粉	250 公克
冷水	2.5 公斤
熱水	3.5 公斤

調味料

香油	500 公克
素蠔油	500 公克
香菇粉	500 公克
二砂糖	500 公克
白胡椒粉	適量
五香粉	適量
鹽	適量
素肉圓醬汁	適量

草仔粿（參照 p.61）

材料　50 人份

糯米粉	1.25 公斤
在來米粉	300 公克
細砂糖	150 公克
艾草粉	60 公克
沙拉油	100 公克
滾水	1.1 公斤
沙拉油	500 公克
乾香菇	300 公克
蘿蔔絲乾	1.5 公斤
泡香菇水	1 公斤
粽葉	50 片

調味料

白胡椒粉	20 公克
鹽	50 公克
細砂糖	70 公克

蘿蔔糕（參照 p.63）

材料　50 人份

白蘿蔔	5 公斤
芋頭	3.5 公斤
水	1.5 公斤
泡發乾香菇	100 公克
薑	100 公克

香菜	100 公克
在來米粉	2 公斤
玉米粉	250 公克
水	4 公斤
蘿蔔糕模	1 個

調味料

茶油	300 公克
香油	適量
鹽	適量
細砂糖	適量
白胡椒粉	適量
醬油	500 公克
生辣椒	250 公克

素肉燥飯（參照 p.67）

材料　50 人份

麵腸	1 公斤
杏鮑菇	700 公克
乾香菇	500 公克
中薑	300 公克
新鮮黑木耳	250 公克
新鮮白木耳	300 公克
昆布	100 公克
水	6 公斤
熟白飯	5 公斤
醃黃蘿蔔	50 片

調味料

素蠔油	650 公克
醬油	200 公克
冰糖	150 公克
豆瓣醬	200 公克
五香粉	30 公克
白胡椒粉	50 公克
香油	350 公克

高麗菜飯（參照 p.69）

材料　50 人份

白米	2.5 公斤
水	2.5 公斤
胡蘿蔔	500 公克
高麗菜	1 公斤
乾香菇	500 公克
素火腿	500 公克
麻油	200 公克
芹菜	300 公克
薑	300 公克

調味料

醬油	500 公克
鹽	50 公克
細砂糖	50 公克
白胡椒粉	30 公克
味精	50 公克
康寶鮮味炒手	50 公克

咖哩飯（參照 p.71）

材料　50 人份

馬鈴薯（配菜）	1.5 公斤
胡蘿蔔（配菜）	1.5 公斤
青花椰菜（配菜）	1.5 公斤
熟白飯	5 公斤

咖哩醬汁

馬鈴薯	100 公克
蘋果	100 公克
西洋芹	1 公斤
老薑	1 公斤
香茅	500 公克
大辣椒	500 公克
水	10.5 公斤
無糖豆漿	500 公克
椰漿	750 公克
花生油	1 公斤
沙拉油	2 公斤
細辣椒粉	100 公克
素咖哩粉（無五辛）	600 公克
薑黃粉	150 公克
匈牙利紅椒粉	150 公克
花生粉	200 公克
香茅粉	100 公克
白胡椒粉	100 公克
五香粉	50 公克
椰子粉	150 公克

調味料

蕃茄糊	500 公克
香菇素蠔油	適量
白砂糖	適量
香菇粉	適量
鹽	適量
玉米粉	300 公克
水	1.5 公斤

飯糰（參照 p.72）

材料　50 人份

糯米	1.2 公斤
豆乾	1.2 公斤
素肉鬆	1 公斤
油條	600 公克
菜脯	1 公斤
花生粉	500 公克
酸菜	750 公克
薑末	100 公克

調味料

素蠔油	500 公克

水　100 公克
素香鬆　500 公克

海苔飯捲 (參照 p.73)

材料　50 人份

白米　2.4 公斤
杏鮑菇　300 公克
蘆筍　500 公克
胡蘿蔔　500 公克
鴻喜菇　500 公克
中薑　50 公克
海苔 (長20×寬20公分)　20 張

調味料

醬油　200 公克
砂糖　100 公克
鹽　50 公克
胡椒粉　10 公克
香油　10 公克

素油飯 (參照 p.75)

材料　50 人份

長糯米　3 公斤
薑　330 公克
乾香菇　100 公克
豆乾　800 公克
素肉塊　500 公克
胡蘿蔔　500 公克
高麗菜　500 公克
新鮮蓮子　150 顆

芋頭　500 公克
水　6 公斤

調味料

醬油　300 公克
細砂糖　50 公克
白胡椒粉　50 公克
黑麻油　450 公克

筒仔米糕 (參照 p.77)

材料　50 人份

長糯米　6 公斤
水　6 公斤
水煮花生　500 公克
乾香菇　300 公克
豆乾　300 公克
杏鮑菇　300 公克
新鮮烤麩　200 公克
鈕釦菇　150 朵
香菜　20 公克

調味料

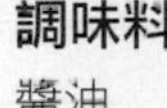

醬油　1 公斤
胡椒粉　100 公克
細砂糖　100 公克

智慧糕 (參照 p.79)

材料　50 人份

長糯米　3 公斤
紫菜　300 公克
糯米粉　500 公克
地瓜粉　500 公克

中筋麵粉　500 公克
水　3.25 公斤
香菜　300 公克
無蒜油炸花生　500 公克
花生粉　1.5 公斤
蘿蔔糕鐵模　5 個

調味料

花生油　適量
鹽　少許
二砂糖　500 公克
素蠔油　500 公克
熱水　500 公克
白胡椒粉　少許
甘草粉　少許
百草粉　少許

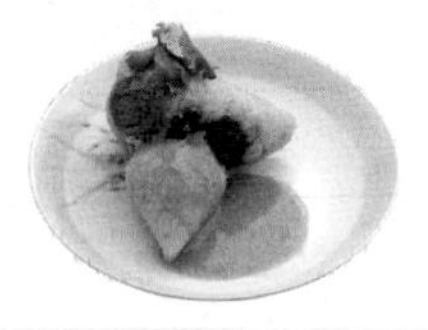

素粽 (參照 p.81)

材料　50 人份

長糯米　3 公斤
乾粽葉　100 片
新鮮烤麩　500 公克
泡發小香菇　500 公克
老薑　250 公克
麵輪　500 公克
菜脯碎　250 公克
熟花生　500 公克
八角　5 粒
香菜　100 公克
棉繩　5 捆

調味料

香油　750 公克
醬油　適量
素蠔油　適量
香菇粉　適量

細冰糖	適量
白胡椒粉	適量
五香粉	少許
水	適量
海山醬	1 公斤
低筋麵粉	400 公克
黃豆粉	150 公克
花生粉	150 公克
溫水	2.5 公斤
味噌	25 公克
醬油膏	750 公克

香菇芋頭鹹粥（參照 p.83）

材料　50 人份

芋頭	6 公斤
豆乾	1 公斤
乾香菇	500 公克
胡蘿蔔	300 公克
芹菜	300 公克
薑	200 公克
冷凍熟白飯	15 公斤
水	35 公斤

調味料

鹽	120 公克
細砂糖	60 公克
香油	300 公克
醬油	750 公克
白胡椒粉	80 公克

麵線糊（參照 p.84）

材料　50 人份

紅麵線	1 公斤
中薑	50 公克
香菜	30 公克
太白粉	300 公克
冷水	200 公克

調味料

白胡椒粉	20 公克
黑醋	50 公克
香油	20 公克

豆包麵（參照 p.85）

材料　50 人份

乾香菇	60 公克
生豆包	3.6 公斤
胡蘿蔔	300 公克
青江菜	300 公克
沙拉筍	300 公克
新鮮黑木耳	300 公克
玉米	600 公克
中薑	150 公克

調味料

鹽	150 公克
香油	90 公克
黑醋	60 公克

炸醬麵（參照 p.87）

材料　50 人份

豆乾	2 公斤
泡發乾香菇	500 公克
海帶捲	500 公克
老薑	500 公克
芹菜	500 公克
乾豆豉	50 公克
杏鮑菇	2 公斤
素火腿	500 公克
小黃瓜	1 公斤
新鮮黑木耳	1 公斤
胡蘿蔔	1 公斤
生豆包	10 片
水	5 公斤
太白粉	300 公克
冷水	1.5 公斤
拉麵	7.5 公斤

調味料

花生油	1 公斤
素辣豆瓣醬	1 公斤
甜麵醬	500 公克
黑豆瓣醬	500 公克
香菇粉	適量
素蠔油	適量
二砂糖	500 公克
白胡椒粉	少許
甘草粉	少許
五香粉	少許
百草粉	少許

素沙茶乾拌麵（參照 p.89）

材料　50 人份

乾香菇	60 公克
胡蘿蔔	600 公克
毛豆	400 公克
豆乾	400 公克
豆竹輪	400 公克
白麵條	2.5 公斤

素沙茶醬

黃豆渣	1 公斤
薑末	200 公克

熟花生	500 公克
小茴香	200 公克
熟白芝麻	200 公克
沙拉油	1.75 公斤
辣椒粉	100 公克
胡椒粉	50 公克
細砂糖	50 公克
醬油	50 公克
鹽	30 公克

調味料

素沙茶醬	900 公克
醬油	250 公克
香油	100 公克

大滷麵（參照 p.91）

材料　50 人份

沙拉筍	1.5 公斤
板豆腐	1.5 公斤
新鮮黑木耳	800 公克
胡蘿蔔	600 公克
杏鮑菇	1.5 公斤
乾香菇	500 公克
水	20 公斤
白麵條	8 公斤
香菜	適量

調味料

黑醋	200 公克
白醋	100 公克
白胡椒粉	80 公克
醬油	100 公克
香油	100 公克
鹽	300 公克
味精	100 公克
細砂糖	100 公克
太白粉	300 公克
水	1.5 公斤

米粉湯（參照 p.92）

材料　50 人份

芋頭	4 公斤
生豆包	1 公斤
乾香菇	500 公克
榨菜	500 公克
高麗菜	1 公斤
芹菜	300 公克
薑	200 公克
粗米粉	2.5 公斤
水	15 公斤
香菜	適量

調味料

鹽	100 公克
細砂糖	60 公克
香油	300 公克
醬油	750 公克
白胡椒粉	80 公克

油豆腐細粉（參照 p.93）

材料　50 人份

油豆腐	4 公斤
細冬粉	4 公斤
高麗菜乾	1 公斤
白蘿蔔	8 公斤
當季綠色蔬菜	1.5 公斤
芹菜	500 公克
水	25 公斤

調味料

醬油	350 公克
鹽	200 公克
細砂糖	100 公克
香油	300 公克
白胡椒粉	30 公克

素當歸麵線（參照 p.95）

材料　50 人份

黑棗	50 粒
紅棗	50 粒
水	40 公斤
老薑	1 公斤
玉米	500 公克
杏鮑菇	1 公斤
金針菇	1 公斤
白麵線	1 公斤
香菜	100 公克

中藥包

玉竹	1 兩
桂枝	1 兩
當歸	5 兩
川芎	1 兩
沙蔘	2 兩
黃耆	1 兩
白胡椒	1 兩
桂圓肉	1 兩
黨參	2 兩
枸杞	1 兩

調味料

花生油	適量
香菇粉	適量
白胡椒粉	適量

鹽	適量
素蠔油	適量
冰糖	適量

素麻辣鍋（參照 p.99）

材料　50 人份

白蘿蔔	3 公斤
甘蔗頭	3 公斤
泰國辣椒	1 公斤
乾辣椒	1 公斤
老薑	1 公斤
大紅袍花椒	500 公克
青花椒	500 公克
玉米	200 截
素排骨酥	50 塊
素丸	150 顆
高麗菜	5 公斤
乾豆皮	500 公克
九層塔	100 公克

中藥包

八角	10 粒
丁香	40 粒
桂皮	40 公克
陳皮	40 公克
白荳蔻	10 公克
香葉	40 公克
大茴香	40 公克
小茴香	40 公克
草果	10 個
桂枝	40 公克
川芎	40 公克
黨參	80 公克
蓽撥	40 公克
甘草	40 公克
百里香	40 公克
砂仁	40 公克
佩蘭	10 公克
桂子	40 公克
孜然	40 公克
香茅	40 公克
甘松	40 公克
山奈	40 公克
南薑	80 公克

調味料

沙拉油	5 公斤
水	50 公斤
素辣豆瓣醬	3 公斤
豆鼓	1 公斤
酒釀	500 公克
素蠔油	1 公斤
朝天椒粉	500 公克
花椒粉	300 公克
冰糖	適量
鹽	適量
香菇粉	適量

素水煮魚（參照 p.101）

材料　50 人份

黑陳皮	1 兩
胡荽子（香草籽）	1 兩
八角	3 粒
小茴香	1 兩
乾南薑片	1 兩
乾辣椒段	500 公克
大紅袍花椒	100 公克
青花椒	100 公克
老薑	500 公克
泰國辣椒	500 公克
杏鮑菇	1.5 公斤
乾豆豉	500 公克
鹹菜心	1 公斤
水	15 公斤
高麗菜	500 公克
袖珍菇	500 公克
素魚	10 份
乾豆皮	500 公克
海帶結	500 公克
香菜	100 公克
芹菜	100 公克

調味料

花生油	1.5 公斤
素辣豆瓣醬	1.5 公斤
粗味噌	100 公克
醬油	適量
素蠔油	適量
香菇粉	適量
鹽	適量
冰糖	適量
花椒粉	少許
花椒油	少許

素麻油雞（參照 p.103）

材料　50 人份

枸杞	60 公克
猴頭菇	1.6 公斤
杏鮑菇	900 公克
百頁豆腐	00 公克
金針菇	300 公克
老薑	800 公克
高麗菜	2 公斤

調味料

麻油	900 公克

香油	200 公克
鹽	150 公克
米酒	300 公克

素薑母鴨（參照 p.105）

材料　50 人份

老薑	800 公克
薑黃	200 公克
南薑	500 公克
水（薑汁用）	1 公斤
老薑（薑汁用）	400 公克
泡發紐釦菇或乾香菇	1 公斤
杏鮑菇	1.5 公斤
水	30.5 公斤
高麗菜	1 公斤
素菜丸	500 公克
乾豆皮	500 公克
紅棗	100 粒

中藥包

黨參	1 兩
當歸	1 兩
川芎	1 兩
甘草	1 兩
枸杞	1 兩
陳皮	1 兩
胡荽子（香草籽）	1 兩
八角	5 粒
小茴香	1 兩
乾南薑片	3 兩

調味料

黑麻油	500 公克
香油	500 公克
香菇粉	適量
鹽	適量
冰糖	適量
南薑粉	35 公克
沙薑粉（三奈粉）	25 公克
薑黃粉	10 公克

四神湯（參照 p.106）

材料　50 人份

淮山	500 公克
茯苓	500 公克
芡實	500 公克
蓮子	500 公克
薑	500 公克
當歸片	50 公克
香菜葉	適量

調味料

水	18 公斤
鹽	80 公克
細砂糖	20 公克
味精	20 公克
香油	600 公克

素佛跳牆（參照 p.107）

材料　50 人份

娃娃菜	1 公斤
素獅子頭	1 公斤
蓮子	200 公克
紅棗	100 粒
芋頭塊	800 公克
乾香菇	300 公克
杏鮑菇	800 公克
猴頭菇	800 公克
栗子	500 公克
茭白筍	800 公克
生豆皮	500 公克
油豆腐	600 公克
水	12 公斤
枸杞	適量
沙拉油	5 公斤

調味料

素蠔油	1 公斤
鹽	200 公克
細砂糖	250 公克

鼎邊銼（參照 p.109）

材料　50 人份

白米	4.8 公斤
在來米粉	1.4 公斤
地瓜粉	800 公克
水	4.8 公斤
乾香菇	30 公克
乾金針花	90 公克
中薑	200 公克
胡蘿蔔	500 公克
沙拉筍	500 公克
高麗菜	500 公克
芹菜	300 公克
香菜	適量

調味料

鹽	300 公克
胡椒粉	200 公克
味精	300 公克

素藥燉排骨（參照 p.111）

（參照 p.111）

材料　50 人份

黑棗	100 粒
紅棗	50 粒
枸杞	3 兩
老薑	1 公斤
杏鮑菇	1 公斤
玉米	1 公斤
素排骨酥	150 塊
水	30 公斤
九層塔	100 公克

中藥包

當歸	6 兩
白芍	3 兩
川芎	3 兩
熟地	6 兩
桂枝	3 兩
枸杞	3 兩
茯苓	3 兩
黃耆	3 兩
杜仲	3 兩
甘草	3 兩
草果	5 粒
玉竹	3 兩
沙參	3 兩

調味料

花生油	500 公克
冰糖	適量
香菇粉	適量
鹽	適量
素蠔油	適量
白胡椒粉	少許

素排骨酥湯（參照 p.113）

材料　50 人份

猴頭菇	2 公斤
高麗菜	800 公克
新鮮黑木耳	400 公克
白蘿蔔	400 公克
胡蘿蔔	400 公克
芹菜	100 公克
豆芽菜	500 公克
地瓜粉	150 公克

素沙茶醬

黃豆渣	1 公斤
薑末	200 公克
熟花生	500 公克
小茴香	200 公克
熟白芝麻	200 公克
沙拉油	1.75 公斤
辣椒粉	100 公克
胡椒粉	50 公克
細砂糖	50 公克
醬油	50 公克
鹽	30 公克

調味料

素沙茶醬	750 公克
醬油	300 公克
細砂糖	300 公克
鹽	300 公克
五香粉	50 公克

酸辣湯（參照 p.114）

材料　50 人份

沙拉筍	1.5 公斤
豆乾	1.5 公斤
新鮮黑木耳	800 公克
胡蘿蔔	600 公克
杏鮑菇	1.5 公斤
乾香菇	500 公克
水	20 公斤
芹菜	適量
香菜	適量

調味料

黑醋	400 公克
白醋	300 公克
白胡椒粉	150 公克
醬油	100 公克
香油	100 公克
鹽	300 公克
味精	100 公克
細砂糖	100 公克

素牛肉湯（參照 p.115）

材料　50 人份

素牛肉	3 公斤
白蘿蔔	600 公克
胡蘿蔔	600 公克
小白菜	300 公克
紅蕃茄	800 公克
玉米塊	50 截
中薑	100 公克

八角	10 公克
花椒粒	20 公克
調味料	
素辣豆瓣醬	300 公克
醬油	2 公斤
鹽	200 公克

素肉骨茶湯（參照 p.117）

材料　50 人份

黑棗	50 粒
水	35 公斤
老薑	500 公克
甘蔗	3 公斤
杏鮑菇	1 公斤
玉米	1 公斤
牛蒡	800 公克
香菜	300 公克
小麥纖肉	100 片
素丸	100 粒
中藥包	
玉竹	1 兩
桂枝	1 兩
熟地	1 兩
當歸	1 兩
川芎	1 兩
沙蔘	1 兩
甘草	1 兩
小茴香	1 兩
丁香	1 兩
黃耆	1 兩
蔘鬚	1 兩
陳皮	1 兩
壓碎的白胡椒	1 兩
桂皮	1 兩
八角	1 兩
桂圓肉	1 兩
調味料	
花生油	適量
香菇粉	適量
鹽	適量
素蠔油	適量
冰糖	適量
現磨白胡椒粉	適量

素肉羹（參照 p.119）

材料　50 人份

麵腸	1.2 公斤
胡蘿蔔	150 公克
沙拉筍	150 公克
新鮮黑木耳	100 公克
香菜	50 公克
地瓜粉	800 公克
太白粉	300 公克
水	200 公克
醃漬調味料	
醬油	300 公克
胡椒粉	20 公克
五香粉	10 公克
鹽	30 公克
調味料	
醬油	600 公克
胡椒粉	100 公克
細砂糖	100 公克
鹽	150 公克

素羊肉湯（參照 p.121）

材料　50 人份

當歸	1 兩
黑棗	50 粒
紅棗	50 粒
枸杞	1 兩
水	35 公斤
老薑	500 公克
杏鮑菇	1 公斤
牛蒡	1 公斤
素羊肉	1 公斤
九層塔	100 公克
芹菜	100 公克
中藥包	
當參	1 兩
川芎	1 兩
沙蔘	1 兩
甘草	1 兩
小茴香	1 兩
陳皮	1 兩
壓碎的白胡椒	1 兩
桂皮	1 兩
南薑片	3 兩
香茅	5 錢
調味料	
黑麻油	500 公克
花生油	500 公克
香菇粉	適量
鹽	適量
素蠔油	適量
冰糖	適量
白胡椒粉	5 公克
南薑粉	50 公克
香茅粉	10 公克

Cook50221

網路接單！素小吃賺大錢

精選米麵食、糕、粿、湯品、鍋料理等5～50人份黃金配方素料理

作者｜齋心主廚
攝影｜林宗億
美術｜鄭雅惠
編輯｜彭文怡
校對｜翔縈
企劃統籌｜李橘
總編輯｜莫少閒
出版者｜朱雀文化事業有限公司
地址｜台北市基隆路二段13-1號3樓
電話｜02-2345-3868
傳真｜02-2345-3828
劃撥帳號｜19234566 朱雀文化事業有限公司
e-mail｜redbook@ms26.hinet.net
網址｜http://redbook.com.tw
總經銷｜大和書報圖書股份有限公司
02-8990-2588
ISBN｜978-626-7064-16-0
初版一刷｜2022.06
定價｜450元
出版登記｜北市業字第1403號

國家圖書館出版品預行編目

網路接單！素小吃賺大錢：精選米麵食、糕、粿、湯品、鍋料理等5～50人份黃金配方素料理／齋心主廚著. 初版. 台北市：朱雀文化，2022.06面：公分 （Cook50：221）ISBN 978-626-7064-16-0（平裝）
1.食譜 2.中國

427.1